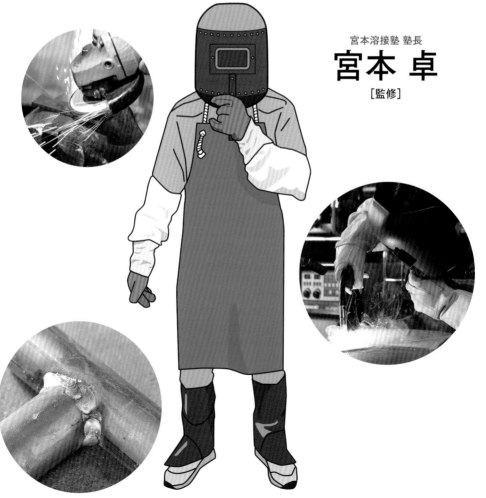

徹底図解 溶接の基本と作業のコツ

宮本溶接塾 塾長

宮本 卓

［監修］

ナツメ社

ハンドルの接合部。溶接の技術が高まれば、溶接の跡がほとんどわからないようになり、強度も安定する。

穴が開いた金属の溶接は、ちょっとしたミスで溶け落ちやすいため溶接の難易度は高くなる。

ランバイク

溶接技術を使って制作したオリジナル自転車。タイヤやサドルといった市販のサイズに合わせるのが難しい。

金属板に直接「Creative Works」と溶接で描かれた文字。ティグ溶接ならではの美しさがある。

中板は、突き合わせ溶接という技術を使ってつなぎ合わせている。

グリル

溶接の制作物として代表的なキャンプ用品のグリル。材料に鉄を用いる場合、外装は塗装を施すとよい。

家庭でも使える！おもな溶接法

プロの溶接現場で用いられる溶接法は多種多様ですが、一般家庭で使用できるのは「被覆アーク」「マグ（ノンガスを含む）」「ティグ」が主流です。

◀ 被覆アーク溶接

古くから用いられている溶接法で、すべて手作業で行うため「手溶接」とも呼ばれる。溶接機は比較的安価で購入できるうえ、風にも強く屋外での作業も可能。ただし、仕上がりには繊細な技術が求められる。

◀ マグ溶接

ワイヤと呼ばれる材料を用いて溶接する手法。ワイヤは自動で送給されるので「半自動溶接」とも呼ばれる。被覆アークよりも溶接しやすい。マグ溶接と同じ技術を使いながら、ガスを使用しない溶接法もある。

◀ ティグ溶接

タングステンという金属を電極として用いる手法。スパッタという火花が発生しないため、室内でもできるうえに、溶接部の仕上がりがキレイ。3つのなかでは唯一アルミニウムの溶接も可能。溶接機は比較的高価になる。

もっともシンプルで奥が深い
被覆アーク溶接

溶接棒と呼ばれる溶接材料に電流を流し、発生させたアークで金属を溶かすシンプルな溶接法。高さの微調整などを自分で行うため、繊細な動かし方が必要になります。

使用するのは、被覆アーク溶接棒という専用の電極棒。

アークと呼ばれる光を発生させるにはコツをつかむ訓練が必要。

金属材料と溶接棒の距離感を自分で調整しなければならない。

溶接部（ビード）を美しく仕上げるにはスラグ（酸化物）を取り除く。

2つの金属を直角につなぎ合わせる「すみ肉溶接」と呼ばれる技術。

汎用性が高く入門用に最適
マグ溶接

ワイヤという溶接材料が自動的に送られる溶接法で、被覆アーク溶接よりも操作しやすい。安価な溶接機もあるので初心者におすすめです。

溶接を開始するときは、トーチに付いているスイッチを押す。

被覆アーク溶接よりも、比較的安定したビードが引ける。

右手で操作しているのがトーチと呼ばれる装置で、中からワイヤが自動的に出てくる。

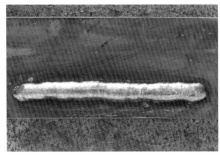

被覆アーク溶接と比べると、溶接部はキレイに仕上がるのが特徴。

美しく仕上げるには、溶接機の条件の設定をマスターする必要がある。

高品質に仕上がる万能型
ティグ溶接

3つの溶接法のなかでは、溶接部が美しく仕上がります。溶接時、火花や煙がほとんど発生しないのが大きな特徴です。

ティグ溶接を行う際は、溶加棒（ようかぼう）という材料を使用するので両手がふさがる。

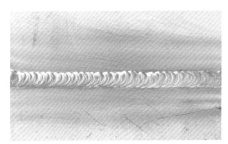

ほかの溶接法に比べると、溶接部の美しさは一目りょう然。

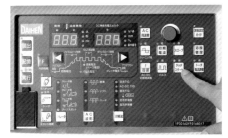

ティグ溶接機の多彩な機能を使いこなせば、仕上がりが非常に美しくなる。

火花が出ないため、あまり広くない場所でも溶接を楽しめる。

すべての溶接法に共通する 溶接の基本手順

溶接法によって操作やコツは異なりますが、溶接の基本手順はほぼ同じ。仮止めという作業を行ってから本溶接に入ります。溶接したら不要なスラグを除去、磨き上げれば完了です。

STEP 1 仮止め

金属を接合する前段階の作業。熱によるひずみを抑制する効果もあるので、必ずマスターしなければならない技術。

金属が溶け落ちてしまうことがあるので注意。

短い材料なら接合部の両端を仮止めするのが基本。

仮止めの基本例。接合する金属をきちんとつなぎ止めるように溶接する。

STEP 2 本溶接

仮止め後、接合面を実際に溶接していく。適切に棒を動かすためには姿勢と角度がポイントになる。溶接法に合わせて、一定のスピードで溶接する。

STEP 3 表面を磨く

ビードを引き終えたら、汚れた表面を磨く。ティグ溶接以外ではスラグなどの残りカスが生じるので、溶接チッピングハンマーなどで除去したあとにワイヤーブラシを使って表面をキレイに仕上げる。

被覆アーク・マグ溶接はスパッタの除去も必要!

被覆アークとマグ溶接の場合は、スラグのほかにも溶接部の周辺に大量のスパッタが飛び散ります。溶接を終えたら、スパッタを取り除くことを忘れずに。

溶接マスターへの第一歩！ 溶接の接合

溶接する際、よく使う3つの接合方法があります。2つの板を並行してつなぐ「突き合わせ」、直角方向につなぐ「すみ肉溶接」、金属の角と角とをつなぐ「角溶接」です。

材料を平行に並べて接合する 突き合わせ溶接

あらかじめ両端部を仮止めしておく。

ブレないようにまっすぐ引いていくのがポイント。

キレイに溶接できるとこのような仕上がりに。

POINT

突き合わせ溶接は、2枚の板の側面同士を接合する方法。溶接の資格試験にも用いられる基本の接合法で、まっすぐ溶接部を進めていくのがポイントでありもっとも難しいところ。

直角方向に金属を接合する すみ肉溶接

終端部の側面を仮止めするのがポイント。

溶接のポイントは下の金属を最初に狙うこと。

溶け込みが不完全になりやすいので要注意。

金属の角部分をつなげる方法 角溶接

写真のように金属の角部分をつなぎ合わせる。

適切な溶接速度がポイントになる。

溶接部が溶け落ちないように注意が必要。

溶接ミスは溶接で！ リカバリー術

失敗の状況でポイントは異なりますが、基本、溶接ミスのリカバリーは再溶接。きれいに磨いてから再び溶接します。場合によってはグラインダーで削る作業も必要です。

材料に穴が開いた！

写真のように、穴が開いてしまうミスはよく起こる。

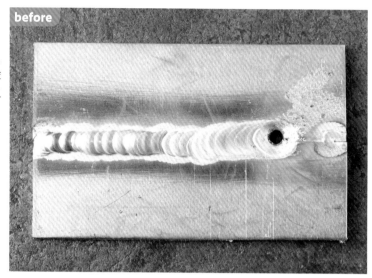

before

必要に応じて「研削」も！

　表面に取り除くべき欠陥を生じた場合には、表面を平らにするため削る作業が必要となる。この場合、グラインダーと呼ばれる機具を使う。

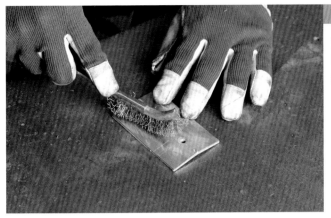

STEP1　磨く

普段の溶接と同じように必ず表面を磨き、不純物を除去しておく。

STEP2　本溶接

電流値の再設定やシールドガスの量の調整など、ミスに応じた修正を行う。

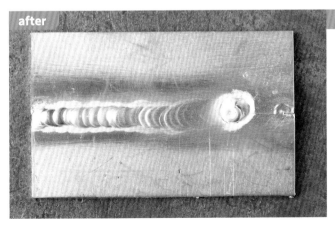

after

STEP3　仕上げ

リカバリーはこれで完了。直後に表面を磨いておくことを忘れずに!

さまざまな形の金属を接合する！ 形状別溶接テクニック

形の違う金属同士を接合するとき、その組み合わせによってもコツが異なります。DIYでも比較的よく使う代表例を紹介します。

十字型

十字に溶接するため、中心部に穴を開けて溶接するのが基本形です。

まず2つの板を十字型に重ね合わせる。

金属を固定するために穴の内側を仮止め。溶け込みに要注意。

つなぎ目を狙って、穴の表面が池のようになるよう溶接する。

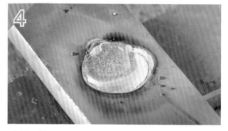

溶接を終えた直後の様子。ここから表面を削っていく。

仕上げにディスクグラインダーで表面の余分な部分を削る。さらに、ワイヤーブラシなどで磨いて完成。溶接した部分が見えなくなるのがベスト。

四角形＋円形

四角い筒と、その中に入れた丸い材料を溶接します。この組み合わせは、意外によく使うので覚えておきましょう。

形状が異なる筒をつなぎ合わせるときは、まずは外側の筒の表面に穴を開ける。

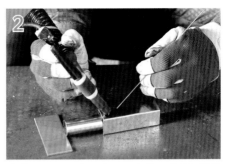

安定するように板を当てて金属の高さを調整する。

「十字型」と同様に穴の端を仮止めする。

穴を完全に埋めるように本溶接する。

キレイに磨いた後の金属。きちんと接合できているか強度を確認。

円形＋円形

円筒同士の溶接は不安定なので、仮止めから注意する必要があります。きちんと強度を保つ溶接が求められます。

ブレやすい形状だが、基本姿勢を保つことが大切。

つなぎ目の対角線上に、仮止めして四隅をくっつけておく。

円周を溶接する際は万力などを使って固定するとよい。

円を描くように上と下の金属をしっかり溶接する。

周囲を一定の厚さで溶接することで、母材同士がしっかりと溶け込んだ例。

16

はじめに

溶接は、金属を溶かして固めることで隣り合う金属同士を一体化させる技術です。

ふだんは気にとめることは少ないと思いますが、溶接は用途、分野にかかわらず、広く使われる技術です。公園の遊具や柵、自転車、バイク、自動車など、ちょっと気にしてみると、身近な金属製のものに溶接してある部分を見つけることができます。

「溶接を始めてみたい！」という方の理由はさまざまでしょう。バイクや自動車をいじりたい、キャンプ用品をつくりたいなどの趣味にとどまらず、修理の仕事に役立てたい、品質管理のために学びたいという実務の場面に活かしたいという方も、増えてきているように思います。

近年は機材が進歩して、家庭用のコンセント電源でも稼働するアーク溶接機が多く出てきていますので、誰でも始めやすい環境ができつつあるとも感じています。

しかし、溶接作業には電気や熱、光など危険な要因も多いので、木工のようなDIYに比べるとまだまだ難易度が高いかもしれません。

溶接が難しいといわれる理由は、機材の取扱いやテクニックのほかに、溶接という現状をしっかりと理解しておかないと、金属をきちんとくっつけられないということに尽きます。

また、作業環境を整えることも重要で、電気を使い、高温になり、火花が散る場合もあるので、安全面の対策が必要不可欠となることも、木材やプラスチックの加工よりも難しく感じる要因でしょう。

本書では、溶接の原理、現象を紹介し、溶接作業の際にどこを見て、何に気を付ければよいのかをわかりやすく解説しました。そのうえで、きれいな溶接ビードを引くためのコツ（姿勢や動作のポイント）を紹介し、練習方法についても解説しています。

さらに、溶接を始めるにあたって、環境や機材の選び方、最初に注意すべき点をまとめ、材質による溶接条件など実例を多く載せています。

日常生活において、金属が溶けるところはほとんど見る機会がありません。まずは金属が溶けているところ（溶融プール）をしっかり見て理解をすることが、溶接上達の第一歩です。

溶接は「言うは易く行うは難し」の技術です。本書で基礎知識と技能を学ばれたのちは、プロの技を見させてもらったり、体験させてもらったり、学校や塾で本格的に習ったり、ぜひ実践を繰り返してください。

溶接ができるようになると、扱える材料の種類が増え、今まで無理だと思っていたものがつくれるようになること間違いなしです。

本書が溶接を始めようとされる皆様の一助となることを願っております。

宮本溶接塾　塾長　**宮本　卓**

徹底図解
溶接の基本と作業のコツ
目次

第1章 溶接の前にすべき準備と対策

\もっと知りたい／「溶接」の世界 vol.**1**

第**2**章　溶接のしくみを押さえておこう

第**3**章　すべてを手作業で行う被覆アーク溶接

\ もっと知りたい /　「溶接」の世界 vol.**5**

第**6**章　リカバリー対応と仕上げのコツ

第**7**章　金属の違いに見る溶接ポイント

これだけは知っておきたい

「溶接」用語集

本書を読み進めながら溶接を始めてみようという方、まだ初心者で解説書やネット記事に出てくる単語の意味がよくわからないという方に、押さえておいたほうがよいおもな溶接関連ワードを解説します。

分類	用語	説明
基本用語	アーク	溶接に利用される気体の放電現象のこと。2つの電極を接触させて通電させて電極同士を話すと発生する。5000〜2万℃にもなる。
	アーク長（ちょう）	溶接材料と溶接する金属との間に生じたアークの長さを表す。この長さによって金属の溶け込み方に違いが出る。 アーク長
	脚長（きゃくちょう）	すみ肉溶接によってできたビードの底辺の長さ（幅）と縦の長さ（高さ）を表す。これが等しいほうがよいとされる。 脚長 脚長
	クレータ	溶接の終了地点にできるくぼみのこと。クレータが生じないように、溶接処理することをクレータ処理という。
	スパッタ	溶接によって生じた金属のカスのようなもの。溶接方法によっては生じない場合がある。
	スラグ	溶接の際に不純物である酸化物が、金属表面に浮き出てきたもの。除去する必要があるが、ビードの表面を空気から保護する役割もある。
	ビード	溶接してできた溶接金属の部分を指す。この形状を整えることが溶接の基本。ビードの横幅をビード幅という。
	母材（ぼざい）	溶接される金属のこと。
	溶接性	溶接のしやすさを指す語。
	溶融プール（ようゆう）	溶接（アーク）で熱した部分が、赤熱状態となってドロドロに溶けた場所。たんにプール、または溶融池ともいう。
	余盛り（よもり）	溶接後、必要な寸法以上に表面から盛り上がった部分。外観の美しさを決める要素のひとつ。

分類	用語	説明
器具・機能	アース	電気が流れる回路をつくるために、溶接機と母材などをつなぐ器具。
	板厚（いたあつ）	金属の厚さのこと。板が厚くなると、開先や多層溶接などの方法を活用する。また、薄い場合も溶け落ちなどの不具合を生じてしまうので注意。
	一元化機能	電流値を調節すると自動的に電圧も調整する溶接機に備わった機能。近年の半自動溶接機にはほとんど搭載されている。
	グラインダー	金属を削る機械。溶接では金属の加工・切断やリカバリー時などに使用する。
	シールドガス	溶接している部分（溶融プール）を守るため、溶接時に流すガス。
	ジグ（治具）	溶接の際に金属を押さえておく器具。代表例に、溶接で生じる金属のひずみを防止する「拘束ジグ」がある。
	自動電撃防止装置	溶接機による感電を防ぐ装置。被覆アーク溶接機に搭載されている。
	遮光ガラス（しゃこう）	有害な波長の光を通さないガラス。溶接時に発生する光には、紫外線が含まれているため、目を防護する遮光ガラスが不可欠。
	トーチ	溶接で用いられる溶接器具。マグ溶接の場合はワイヤ、ティグ溶接の場合はタングステンを電極として用いる。
	パルス電流	一定の周期で、電流値が上昇と下降を繰り返す電流制御。マグやティグなどの溶接法で用いられる。
	被覆剤（ひふくざい）	被覆アーク溶接で用いられる、溶接棒にちりばめられたフラックスという粉末。
	保護具	溶接の際に体を守るために着用する服や防具の総称。
	保護筒（ほごとう）	被覆アーク溶接において、溶接時や直後に溶接棒の先端に形成される筒状の部分。溶接の品質を左右する因子のひとつ。
	ホルダ	被覆アークで用いられる溶接器具。
	溶接材料	母材となる金属の接合する部分に溶かして加えられる金属のこと。溶接棒や溶接ワイヤ、溶加棒（ようかぼう）がこれに当たる。
	溶接電源	ケーブルなどを除いた溶接機本体のこと。ただし、溶接する機器全般を指すこともある。
構造・原理	アーク電圧	溶接時のアークから出る電圧のこと。溶接する金属と溶接するトーチやワイヤとの距離によって電圧は変化する。

分類	用語	説明
構造・原理	溶接機の使用率	溶接機に定められたアークを出せる時間のこと。 たとえば、 定格出力350A、定格使用率60%の溶接機の場合、10分の間に6分だけ350Aのアークを出すことができ、4分は休止するという意味。
	溶接電圧	溶接機で設定できる、もしくは設定されている出力電圧。
	溶接電流	溶接機から出る電流のこと。最小から最大範囲の電流を定格出力電流と呼ぶ。電流によって溶接する方法や材料が異なる。
	溶接特性	溶接機に見られる電流と電圧が変化の特徴。アーク長が短くなって電圧が下がると、電流が上がる特性が「垂下特性」。アーク長が短くなって電圧が下がっても、電流が一定に保たれる特性が「定電流特性」である。
	溶着金属	溶接材料が溶けて、接合する金属に移行した金属部分のこと。
	溶着速度	金属が溶着する速度のこと。
現象	移行現象	マグ溶接で、母材となる金属が溶けると同時にワイヤや溶加棒が溶けて、母材に落ちていく現象。
	応力（おうりょく）	外部から力を受けた際に金属内部に発生する単位面積当たりの力。応力によって溶接部分に不具合が生じることがある。
	クリーニング作用	おもにティグ溶接時に交流で溶接したとき、母材となる金属の表面にある酸化物が除去される作用。
	溶け込み	溶接により金属が溶け込んだ状態。その深さや幅などによって溶接の強度が決まる。
	熱影響部	溶融温度より、低い温度で加熱されて材質が変化した部分。
	ヒューム	物質の加熱や昇華によって生じる粉塵など。体に悪影響があり、特定化学物質に指定されている。
テクニック	後戻りスタート法	溶接を開始する際に、開始点を少し先にして、後ろに戻ってから先に進める手法。
	ウィービングビード	溶接をする際に、溶接棒を動かす基本テクニックのひとつ。波打つように棒を上下に動かすことからウィービングと呼ばれる。
	運棒（うんぼう）	溶接棒を動かすテクニック全般を指す。基本的なテクニックに、ストリンガビード、ウィービングビードなどがある。
	開先（かいさき）	2つの金属材料を接合する際、必要な溶け込みが得られるように切り込みなどを入れた溝部分。I型開先やV型開先など、溝の形状によって呼び名が異なる。

分類	用語	説明
テクニック	角溶接（角継手） （かど）（かどつぎて）	金属板の角と角を直角に突き合わせて溶接する手法。
	仮止め	2つの金属を接合する際、両端や中心などを部分的に溶接しておくこと。タック溶接とも呼ばれる。
	後進法 （こうしんほう）	溶接棒を進行方向に傾けるテクニック。溶接をしていく溶融プールが溶接棒に隠れて見にくくなり、溶け込みが深くなる。
	後熱 （ごねつ）	溶接した直後に溶接部を再び加熱して硬くなった部分をやわらかくすること。
	捨て金法 （す）（がね）	あらかじめ母材ではない板でアークを発生させておいてから、母材に移動して溶接を始める方法。
	ストリンガ ビード	溶接をする際に、溶接棒を動かす基本テクニックのひとつ。溶接棒を大きく上下になど動かさずまっすぐ動かしていく方法。
	すみ肉溶接	金属同士を垂直に重ねて溶接していくこと。水平すみ肉、角すみ肉などの種類がある。
	前進法 （ぜんしんほう）	溶接棒を進行方向とは逆に傾けるテクニック。溶接するルートが見やすくなるいっぽうで、ビードの形状は確認しにくくなる。
	多層溶接	厚みのある金属を溶接するために、何層かに分けて溶接していくやり方。最初の溶接を初層と呼び、その後は2層、3層と呼ぶ。
	タッピング法	被覆アーク溶接において、アークを発生させるためのテクニックのひとつ。溶接棒の角を当てるようにして溶接棒を動かす。
	突き合わせ溶接	2つの金属を側面で溶接していくこと。もっとも基本的な溶接のひとつ。
	入熱 （にゅうねつ）	溶接部に外部から与えられる熱量。この大きさは品質や強度に影響する。溶接入熱ともいう。
	ブラッシング法	被覆アーク溶接において、アークを発生させるためのテクニックのひとつ。溶接棒を金属に対して、マッチを擦るように動かしてアークを発生させる。
	ベベル角度	金属と金属の溝である開先同士を向かい合わせた際の角度。

分類	用語	説明
テクニック	溶接記号	溶接をする際に、溶接を指示する記号。
	溶接姿勢	溶接をする際の姿勢のこと。基本は作業台に金属を置いて溶接をする下向き姿勢。立って溶接する立向き・横向き姿勢などもある。
	溶接順序	溶接ひずみを軽減するために、どの箇所からどの順番で溶接していくかの順序を指す。
	溶接継手	金属を接合する形態のこと。突き合わせ継手やT継手など、その形状によってさまざまな種類がある。
	予熱（よねつ）	溶接する部分の冷却を遅くするために、ガスバーナーなどであらかじめ金属を温めておく方法。
ミス・不具合	アークストライク	母材となる金属に瞬間的にアークを飛ばし、すぐにアークを切ること。それによって起こる欠陥を指すことも多い。アークの発生不良により、溶接で溶けきれず母材に残ったもので、割れの原因となりやすい。
	アンダーカット	溶接した金属にできる溝のこと。溶接電流や溶接速度が過剰に高いことが原因で起こる溶接不具合。
	オーバーラップ	溶接金属が母材に融合しないで重なった不具合。溶け込みが甘く、溶着金属があふれたような状態。見かけ上は溶接されていても強度が不足することが多い。
	磁気吹き現象	溶接電流による磁力が原因で、アークが不安定になること。
	スラグ巻き込み	溶接中に生成されたスラグが溶融金属よりも先に凝固してしまったり、金属内にスラグが残ってしまったりする溶接不具合。
	ピット	溶接時に金属の内部で発生したガス孔が、表面に放出されたときに穴となって固まった状態のこと。
	ブローホール	溶接した金属の内部で発生したガスや溶接部分に侵入してきたガスが、固まったときに大気中へ放出されず、閉じ込められて生じる不具合。
	溶接ひずみ	溶接における金属のひずみ。
	割れ	溶接した部分や、その周辺が割れてしまうこと。不適切な温度変化が原因になりやすい。

第1章

溶接の前にすべき
準備と対策

溶接で何をつくる？まず特徴と長所を知る

chapter 1-1

溶接は金属をつなぎ合わせてものをつくる手法のひとつで、日用品からアートまで自由度の高さが特徴です。

力がなくても加工できるのが溶接

溶接は金属を溶かし、材料をつなぎ合わせていくものです。専用の工具や機械を使用するため難易度が高いと思われがちですが、テクニックを身につけてしまえば、身近なものを比較的簡単につくれるメリットがあります。溶接の容易さは、金属が熱に溶けて、冷えると再び強く結合する性質に起因します。

たとえば木材と比較してみましょう。木材の場合、のこぎりやのみ、金づちなどの工具を使います。人がかりな道具は必要なく、日曜大工の延長でできます。しかし、はじめから寸法どおりに切り分けたり、組み立てたりしないと、あとで変更するのは困難です。いっぽう溶接では、接合にボルトやナットなどは必要なく、加工の自由度が高いという特徴があります。また、金属は材料が均一で強度が高く、長い間使用できるというメリットがあります。さらに、溶接する際に大きな力は必要ありません。溶接は、性別や年齢を問わずできる加工技術なのです。

 金属加工と木工の違い

	金属加工	木工
加工性	加工には金属用の工具が必要。木材と比べて材質が均一で、寸法を出しやすい。加工時に火花が出ることも。	軟らかく切断しやすい。溶接などの特別な技術を必要としないものの加工に手間がかかる。
耐久性	木材に比べて強度が高い。さびる金属もあるが、水気にも強く屋外に置くものに適している。	屋外で使用する場合はメンテナンスが不可欠。一度腐食してしまうと作り直しになることが多い。
コスト	溶接機のほか、専用工具をそろえる必要あり。	工具類は比較的そろえやすい。
手間	溶接機のみで加工が可能。溶接に力は必要ない。	材料をつなぎ合わせるのに釘打ちなどが必要なので、ある程度の力が必要。

溶接でつくれるものの例

テーブル

既製のサイズを使えば、材料の切り出しが少なくてすむのでつくりやすい。

チェア

座面や背もたれを木材に、脚を金属にして、組み合わせるケースが多い。

シェルフ

大がかりに見えるが、天板を木材にすれば、脚とフレームの溶接でつくれる。

傘立て

市販の角材を組み合わせて制作できる。鉄を使用する場合は塗装が必要。

バーベキューグリル

溶接部分が多いので時間は要するが、基本的な溶接技術を身につければつくれる。

アクセサリー

チタンやステンレスといった素材で、指輪やブレスレッドなども自作できる。

身近な生活用品からアウトドア用品まで

　溶接技術を使ってつくれる身近なものはたくさんあります。よく自作されるのは、テーブルやチェアなどです。脚とフレームは金属を使って溶接し、テーブルの天板やチェアの座面部分は木材を用いて、組み合わせてつくるケースが一般的です。ほかにも、指輪やブレスレッドといったアクセサリーやペン立てや小物入れなど、金属素材の作品をつくりたいときに溶接を用います。少し大がかりな例では、バーベキューグリルといった近年流行しているキャンプグッズを自作したり、趣味のバイクのマフラーやフレームの修理をしたりするときに、溶接技術が活きてきます。

作業環境を考慮して 溶接方法を決めよう

家庭でできる溶接はおもに3種類。どの方法が自分の作業環境に合うのか知っておきましょう。

溶接法によって作業環境を考える

　アーク溶接とは電気をアーク光に変えて、その熱で金属を溶かす法です。家庭でできるおもな溶接法には、被覆アーク溶接、マグ溶接、ティグ溶接の3種類があります。それぞれ家庭用電源でも使用できる100Vの溶接機が販売されており、手ごろな価格で購入することができます。また、どれも必要な道具がそろえば初心者から始めやすいのも特徴です。

スパッタが多い溶接法はスペースが必要

　アーク溶接作業を行う場所を確保する際、どの溶接法を利用するかによって条件は異なります。溶接法によっては、風に気をつけなければならなかったり、スパッタという金属のカスのようなものが散ったり、ヒュームという煙を生じてしまうためです。

　たとえば、被覆アーク溶接は溶接機は安価で初心者でもチャレンジしやすい溶接法ですが、飛び散るスパッタの量が多く、作業場所にはある程度のスペースが必要になります。また、周りの防火対策も必要です。

室内でもできるティグ溶接

　ティグ溶接は、大きな音が出ずスパッタが飛び散らないため、室内でも溶接できるというメリットがあります。ただし、被覆アーク溶接機やマグ溶接機と比べるとやや高価で、アルゴンガスという特殊なガスを入手するする必要があります。どの溶接法も一長一短はありますが、家庭で溶接を行う場合は、溶接機を購入する前に、自身の作業環境と溶接法がマッチするかどうか、確認しておくことが重要です。

自宅でもできるおもな溶接法

被覆アーク溶接

メリット
溶接機や周辺アイテムが安価で入手できる。

デメリット
スパッタや光、騒音などが大きいため、狭いスペースでの作業には向かない。

マグ溶接

メリット
溶接機を安価で購入できるうえ、操作も比較的容易なのでハードルは低い。

デメリット
溶接機によっては、ガスなどの設備が大がかりになる。

ティグ溶接

メリット
スパッタがほとんど発生しないため、室内でも溶接ができる。

デメリット
溶接機がやや高価で、アルゴンガスという特殊なガスが必要になる。

準備しておきたい
溶接の基本アイテム

溶接をするためには「溶接電源」や「ホルダ・トーチ」などのほか、保護具や溶接台をそろえる必要があります。

事前に準備すべき装備とは？

　溶接をするためには専用のアイテムをそろえなくてはいけません。基本的には、溶接に必要な電流を流す「溶接電源・アース」、金属に直接電流を送る電極の役割を果たす「ホルダ・トーチ」、目や体を保護する「保護具」が必要です。

　なかでも、溶接法によって扱い方が大きく異なるのが「ホルダ・トーチ」です。被覆アーク溶接では「ホルダ」、マグ溶接とティグ溶接では「トーチ」と呼ばれています（詳細な使用方法は各章で後述）。そのほか、溶接を行うための「溶接台」や金属を切断する「グラインダー」などもそろえておきましょう。

 溶接法で異なるホルダやトーチ

被覆アーク溶接　　　　　マグ溶接　　　　　　　ティグ溶接

ホルダと呼ばれる器具に、溶接棒という電極を装着して使用する。ホルダの先端部分に溶接棒を挟むだけのシンプルな構造になっている。

トーチと呼ばれる器具から電極部分であるワイヤが自動的に出てくるしくみ。ワイヤの種類によってスパッタの発生量や仕上がりに差がある。

タングステンという電極と溶着金属を足していくための溶加棒を使用する。呼び名はマグ溶接と同じトーチだが、用いる電極が異なる。

溶接の必須アイテム

溶接機
溶接電源とも呼ばれ、購入時はホルダ・トーチやケーブル類がセットになっていることが多い。

保護具
目を保護する「保護面」のほか、前掛けや手袋などを含めて体を防護する用具。衣類などは耐熱性や難燃性の高い作業着が好ましい。

ホルダ・トーチ
金属を溶かす熱を発生させる器具。左ページで紹介したように溶接法に呼び名が異なる。基本的に利き手で操作する。ティグ溶接の場合は溶加棒（ようかぼう）という材料を反対の手にもつ。

作業台
電気が流れないといけないので、作業台は通電する素材を選ぶ。「溶接用」として市販されているものもある。

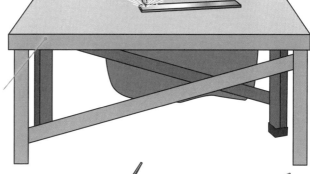

溶接チッピングハンマー
金属に付着したスパッタやスラグを除去する道具。ホームセンターなどで購入できる。

溶接用プライヤー
マグ溶接のトーチ内部のスパッタを除去する道具。金属板を押さえるときにも使える。

ワイヤーブラシ
スラグを除去したあと金属表面を磨くときに使用。溶接では柄付のものがおすすめ。

必ず注意したい
溶接機の設置環境

手軽になった溶接機ですが扱い方には要注意。とくに、溶接機の転倒防止と周囲の状況に気をつけましょう。

溶接機の転倒防止のためにもコードを整理

　近年の溶接機は、軽量で持ち運びも便利なものが多くなってきました。しかし、それだけに扱い方には注意が必要です。溶接機の扱い方を間違えてしまうと思わぬ事態を招き、場合によっては危険な事故につながりかねません。

　まずは、溶接機をどこに設置するかがポイントです。溶接機が倒れないように工夫する必要があります。不安定な場所だったり、コードが引っかかりやすい場所は避けてください。

　また、コードは踏まないように、端によせておきましょう。

防火と感電の対策を忘れずに！

　スパッタが周囲に飛び散る被覆アーク溶接などの場合は、作業場の近くに可燃物を置かないようにすることも大切です。また、溶接機は高い電流が流れるため、濡れた手で溶接機を扱ったり、溶接棒などを取り付けるホルダは無造作に置かないなどの注意が必要です。万が一の場合、感電することもあります。くれぐれも、可燃物や感電への対策を忘れてはいけません。

知っておくと便利！　入門用には100Vの溶接機を選ぼう！

　溶接機にはおもに電圧が100Vと200Vのものがあり、入門用には100Vタイプがおすすめ。一般家庭の電源は、ほとんどが100Vになっており、200Vの電源はエアコン用の電源だったり、特別な工事を必要とするからです。200V電源が確保できる場合に購入を検討してもよい。

入門用の被覆アーク溶接機。

溶接機を設置するときのポイント

溶接機を安定させる

溶接機は転倒しないように、安定した場所に置いて作業することが大切。

周囲に可燃物を置かない

スパッタが多い被覆アーク溶接などの場合は、周囲に可燃物を置かないよう注意。

遮光性を考慮する

溶接時に発生するアーク光は、直接目にすると悪影響を及ぼすため遮光を考える。

直射日光を避ける

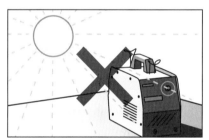

溶接機に熱がこもるとオーバーヒートを起こすことがある。保管時は直射日光を避ける。

溶接時に発生する光や保管時の注意点

　実際に溶接を行うときは、周囲への配慮から発生する光への対策も必要です。溶接時に発生する光はアーク光と呼ばれ、目や人体に悪影響を及ぼすことがわかっています。溶接している人は遮光保護面などをつけているので影響を軽減できますが、周りにいた人が直接アーク光を目にすると健康に害が及ぶこともあります。そのため、作業をする際は遮光にも気をつかいましょう。

　また、溶接機はなるべく直射日光の当たらない場所で保管するようにしましょう。溶接機には冷却ファンが付属していることがほとんどですが、熱がこもるとオーバーヒートを起こす危険性があるためです。

保護具をそろえて 安全第一に溶接を！

溶接作業に関するさまざまなリスクを未然に防ぐ保護具。
JIS規格に沿ったアイテムを適切に身につけましょう。

JIS規格に沿ったアイテムを選ぼう

溶接は高圧電流を用いて光や熱を発し、ガスを使用する危険な作業のため、安全・衛生面への注意は必要です。法令でも細かい部分まで措置を取るように定められており、家で使用するときでも守るべき項目が含まれています。

なかでも、保護具の着用はどのような溶接を行うにしても必要不可欠です。溶接をする際に使用するマスクや遮光ガラス、保護用の皮製手袋はJIS規格で規格が設けられており、家庭で行う際にもなるべくJIS規格に沿ったものを身につけましょう。

保護具以外でも身につける衣服などは、耐熱仕様のものが望ましいでしょう。また、とくに気をつけたいのが足の部分。耐熱作業靴などを用意できない場合でも、靴底は電気を通さないゴム製のものを着用してください。電流が流れているケーブルを踏んでしまった場合などに感電する危険性があるからです。できれば革製の足カバーもつけると安全です。保護具を適切に身につけていないと、思わぬ事故やケガのもとになります。溶接する前に必ずチェックしてください。

知っておくと便利！ 絶縁体のゴムや革製品を選ぼう

溶接で活用できる耐熱性の安全靴。

溶接用の靴には熱に強い耐熱性のものか、感電防止などの絶縁体のものを選ぶのが基本。

靴はくるぶしより上まできちんと隠れるものがベスト。靴のすき間にスパッタなどが入ってしまうと、衣服に燃え移ってしまう危険性がある。また、靴下もしっかりと上まで伸ばして、ズボンのなかに入れておく。露出していると、やけどすることもあるので要注意。

※写真の商品は、耐熱用であり感電防止を目的としたものではありません。

基本的な溶接のスタイル

遮光ガラス
保護面についているガラス。遮光度によって紫外線などの透過率が異なる。

保護面
手持ちとヘルメットの2タイプがある。両手を使うティグ溶接の場合はヘルメットタイプが必須。少し価格は高くなるものの、自動遮光面タイプが溶接しやすく初心者向き。

前かけ
スパッタなどが飛ぶため、革製のものを使用。可燃性の素材はNG。

革製手袋
家庭の場合は革製であればOKだが、JIS規格に沿ったものがベスト。

足カバー
ひざ下ぐらいまで保護できるものがベスト。靴のすき間もしっかりと覆う。

腕カバー
肘まで覆えるサイズがおすすめ。手袋と同様に革製のものを選ぶとよい。

安全靴
工業用の耐熱安全靴が適切。普通の靴の場合でもポリエステルなどは避ける。

 溶接時に発生する溶接ヒュームに要注意！

　熱に溶かされた金属が蒸気になり、この蒸気が空気中で冷却されて、金属酸化物の細かい粒子になる。これを「溶接ヒューム」と呼び、人体にさまざまな悪影響を及ぼすことがわかっている。溶接業務では、防じんマスク（DS2・RL2などの規格以上のもの）や電動ファン付き呼吸用保護具の着用が義務付けられている。家庭では義務ではないものの、なるべく換気性の高い環境づくりを心がけたい。

自宅で溶接する場合 どこですべき?

溶接作業には、さまざまな危険がともないます。自宅の作業場は、周囲への影響を十分配慮して設置しましょう。

生活空間からはできる限り離れた場所に

　自宅に作業場を設置する際には、スパッタやアーク光など、周囲への影響を考えることが大切です。適しているのは庭やガレージなど、できる限り生活スペースと離れた場所。とりわけ小さな子どもがいる家庭の場合、万が一の事態を考えて、工具や溶接機などが子どもの目に触れない場所に保管するか、屋内であれば鍵をつけておくなどの対応が好ましいでしょう。

　また、溶接の際には換気性も重要なポイントです。外気に触れる庭であれば問題ありませんが、ガレージには換気扇などがついていないことがあります。小窓を開け、扇風機などで換気に配慮しましょう。その際、風によって溶接にミスが生じてしまわないよう、扇風機の向きを作業台に向けず、風が直接当たらないようにしてください。

　庭で行う際は、周囲に可燃物がないかどうかもチェック。植木や鉢植えなどはスパッタが届かない位置まで遠ざけ、水道などの水場の近くは避けて作業場を設置しましょう。

知っておくと便利! なるべく頑丈な作業台を選ぼう

溶接に最適なアルミニウム製の作業台。

　溶接作業を行う際、必ず必要になるのが作業台。工業用品の販売サイトやホームセンターなどで購入でき、折り畳み式など種類も豊富。長く使用するためにも、なるべく頑丈で耐熱性にすぐれたものがよい。

　当然ながら、木製のものは溶接では使用できない。天板が金属のものであれば問題ないが、選ぶのに迷ったら「溶接用」とされているものを選ぶ。

自宅における適切な作業場所

庭

庭は換気性にすぐれており、作業場には最適。囲いを設けて防風対策をしたうえで、可燃物や水場などがない場所に設置しよう。

ガレージ

広さにもよるが、換気性を保てれば溶接作業にも向く。作業中は家族や同居人が入ってこないようにしておく。

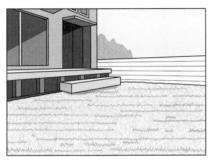

被覆アーク溶接などでは煙が発生するので家屋からなるべく離れた場所の設置する。

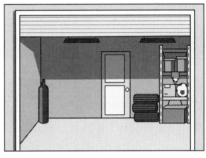

溶接時はガレージの窓などを開けて換気対策をする。扇風機を上向きで使用するのもよい。

溶接機やコードの接続状態を事前にチェック

溶接を実際に行う前に、事前に安全チェックをすることも大切です。とくに、溶接機については動作確認を欠かさずに行いましょう。

まずは溶接機本体やコードの損傷。もしコードに何らかの損傷があった場合は、買い替える必要があります。電源をつけても普段通りに起動しなかったり、電源がうまく入らない場合は作業を止め、メーカーや購入店などに相談しましょう。

また、コードの接続状態も要注意。とくに、溶接機のホルダやトーチから伸びるコードは多少ゆるみがあったほうが溶接しやすくなります。長さに余裕がないと、溶接をしている最中にコードが抜けてしまったりして、作業が中断してしまいます。溶接機と作業台の適切な距離を心がけましょう。

さらに、アースもきちんとつながっているか確認します。アースがつながっていないと感電する危険があります。

最後に、自分の服装をよくチェックしてください。足カバーや前かけがしっかり着用できていないと、溶接で生じたスパッタが燃え移って、やけどや火災事故につながるケースもあるので要注意です。

風は溶接の大敵
溶接時の防風対策

溶接作業時に吹く風は、溶接不具合の原因になります。風よけを設けるなど作業環境の整備が大切です。

ガスを活用した溶接には防風対策を！

　溶接で不具合を生じる原因のひとつに風の影響が挙げられます。なかでも、強く影響を受けるのはガスを使用するマグ溶接やティグ溶接です。これらの溶接は、溶接時に発生するガスにより、溶接している部分（溶融プール）を守っています。このガスをシールドガスと呼びますが、風による影響を受けて溶融プールに悪影響を及ぼし、溶接不具合を生じやすくなります。見た目には影響が出ていなくても、窒素が入り込んでしまって金属の強度を損なうこともあります。また、被覆アーク溶接は比較的風に強いとされていますが、強い風にさらされるとやはり不具合が生じやすくなります。

　そのため、ガスを使う溶接を行う際には防風対策を行う必要があります。基本的な対策は、「風の影響を受けにくい作業場」「防風ノズルなどの専用グッズの活用」などです。作業環境に合わせて、いずれかの対策を取りましょう。

　DIYでは自宅の庭などの屋外で行うことも多いはずです。防風対策をしっかりして、安全性の高いスムーズな溶接を心がけましょう。

 溶接時の風の状況と対策法

風の状態の目安	風速（m/秒）	防風対策
煙がまっすぐに上がる	0.0 ～ 0.3	不要
煙が軽くたなびく	0.3 ～ 1.6	ほとんど不要
顔に風を感じる	1.6 ～ 3.4	必要
木の葉や小枝が動く	3.4 ～ 5.5	適切な対策なしでは溶接不可

防風対策を考える

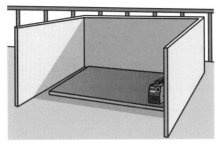

風よけを設ける
左のイラストのように、作業場を風よけで囲っておくと風の影響を受けにくい。ただし、スパッタによる燃え移りを防止するためにも、風よけには金属など可燃性の低いものを用意する。

耐風ノズルを使用する
マグ溶接の場合、トーチにノズルという部分があり、耐風ノズルなども販売されている。ただし、耐風ノズルの使用は、スパッタの詰まりを起こしやすいので注意。

シールドガスの調整や耐風ノズルで対応する方法

　防風対策には、つい立を立てるなど環境を整備する方法のほかにも、トーチに付属しているノズルという部分と母材の高さを保つことも防風対策になります。ノズルと母材との距離を20mmほどに保つことで、ブローホールなどの不具合を防ぐことができるとされています。ノズルにはいくつかの種類があり、専用の耐風ノズルや二重ノズルなどを活用するのもよいでしょう。ただし、ノズル内にスパッタが詰まっていたりするとほかの不具合を生じるため、溶接器具は日頃の手入れが大切です。

　また、トーチから出るシールドガスの流量を調節して防風対策を講じる方法があります。シールドガスの流量は、溶接電流の値とワイヤなどの条件によって適正な範囲が定められていますが、ある程度なら流量を増やして耐風性を高めることができます。

　家庭で溶接を行うときは、できる限り風の少ない環境にしておくことが大切です。あらかじめ、風よけを用意しておいたほうがよいでしょう。

体に悪影響を及ぼす
アーク光の危険性と対策

溶接時に発生するアーク光は人体に害を及ぼします。目だけでなく皮膚にも症状を引き起こす場合があります。

アーク光で発生する可視光と紫外線による症状

　溶接時に発生するアーク光には、目に見える可視光と目に見えない紫外線と赤外線が含まれています。なかでも目に悪影響を及ぼすのが可視光と紫外線です。可視光で引き起こされる青色光障害は、視力の低下、視野内の部分的に見えない領域（暗点）が生じるなどの症状を引き起こします。

　いっぽう、紫外線によって発症するのが角結膜炎です。溶接時に発症すると電気性眼炎とも呼ばれます。症状は、目の痛みのほか、目のなかがごろごろする、涙が出て止まらない、まぶしさを感じるなどがあります。直接、アーク光を目に入れないように注意しなければなりません。

アーク光は太陽光に近い！

　アーク光は、ただまぶしいというだけではありません。この光の性質は、太陽光をイメージするとわかりやすいでしょう。太陽を直接見ると目が痛くなったり、日の光を長時間浴びると日焼けしたりします。アーク光でもこれと同じことが起こっています。そのためアーク光対策は、遮光保護面を必ずつけるだけでなく、日常生活で行っている紫外線対策もあわせて講じるとよいでしょう。

　とくに長時間作業するときや、肌荒れなど体質的に紫外線に弱い人は、日焼け止めクリームを塗るなど、ふだん行っている紫外線対策をとりましょう。また、極力肌を出さない服装を心がけてください。

　溶接工のなかには、作業前に日焼け止めクリームを塗ってから作業にはいる人もいます。

電流値に対する遮光度を知ろう！

（A）：アンペア

遮光	被覆アーク溶接（A）	マグ・ティグ溶接（A）
5	30 以下	—
6	30 以下	—
7	35 ～ 75	—
8	35 ～ 75	—
9	75 ～ 200	100 以下
10	75 ～ 200	100 以下
11	75 ～ 200	100 ～ 300
12	200 ～ 400	100 ～ 300
13	200 ～ 400	300 ～ 500
14	400 以上	300 ～ 500
15	—	500 以上
16	—	500 以上

遮光ガラスには JIS 規格で遮光度が設けられている。アーク光は電流が強ければ強いほど体に与える影響が大きくなるため、遮光ガラスを選ぶ際には使用する溶接機のアンペアを基準に選ぶ。100Vの溶接機では、遮光度8や9あたりから始めるとよい。あまりに遮光度が強いと溶融プールが見えづらくなってしまう。適切なガラス選びが重要になる。

遮光ガラスで目を守りつい立で周囲に配慮

　アーク光から体を守る方法は「遮光保護面をつける」「皮膚の露出を抑える」「つい立を設ける」の3つがあります。作業者が気をつけなくてはならないのは前者の2つ。遮光保護面には、目をアーク光から守るための遮光ガラスが埋め込まれています。これはほとんどの保護面で取り外しが可能。遮光ガラスは溶接法によって推奨される遮光度が定められているので、作業によって変えるとよいでしょう。また、周囲の人への影響を軽減するのがつい立などの設置です。近年は簡単に設置できる遮光フィルムなども販売されています。

知っておくと便利！　周囲への影響を軽減するアイテム

　ビニールフィルムは、有害紫外線や強い可視光線から作業者らの目を保護するためのアイテムだ。防炎加工され、スパッタが飛び散っても簡単に燃え移ることがない。

　適度な透明性も保ち、周囲から作業員を確認しやすいので便利。光の透過率が異なるフィルムが販売されている。

溶接作業者の目を守るビニールフィルム。

高温になる現場 必須のやけど・熱対策

高温になりがちな溶接の作業場。そこで必要になる熱対策、事故を未然に防ぐ作業着の選び方を紹介。

作業着の防炎・難燃・耐熱の違い

アーク光は2000℃以上の熱をもつため、溶接作業はかなりの高温にさらされます。また、スパッタは高温のまま飛び散るので、直接肌などに触れるとやけどの危険もあります。そこで、溶接作業を行う際には「スパッタなどによる引火対策」と「高温下による脱水対策」という2つの熱対策が必要になります。

まずは引火対策。ここでポイントとなるのは作業着です。熱や火に強い素材として、防炎・難燃・耐熱を謳ったものがあります。どれも同じように見えますが、それぞれがもつ性質には違いがあります。

防炎素材は、火がついてもその部分の繊維が燃え落ちて、延焼を防ぎます。難燃素材は火がついても燃えにくいという特徴があります。また、耐熱素材は、200～300℃ほどの高温でも劣化しにくい性質があります。耐熱素材は必ずしも不燃性というわけではありませんが、熱が繊維を通りづらいため溶接の作業着としても適しています。どの素材も燃えにくいという性質はありますが、決して燃えないという意味ではないので、燃え移りにはくれぐれも注意しましょう。

溶接時の作業着の素材で気をつけたいのがポリエステル繊維です。ポリエステルは耐久性にすぐれているので、一般的な作業着によく使用されています。しかし、原料が石油のため、綿などに比べて燃えやすい性質があります。

また、ポリエステルは静電気を発生しやすいため、溶接作業にはおすすめできません。もし耐燃素材の作業着をもっていない場合は、綿100％の素材のものを選ぶとよいでしょう。

溶接をするときは、肌の露出を最低限に抑えることが安全対策の基本です。ときどき靴のなかにまで火花が飛んで、やけどを負うこともあります。靴下もしっかりと上げておくとよいでしょう。

【事例】服装の乱れで事故に！

【発生状況】

　溶接作業中、地下足にスパッタが飛び、衣服に燃え広がった事故。作業員は安全帽、保護面、革手袋、革前かけ、地下足袋を着用していたが、衣服はナイロン質でズボンのすそを地下足袋のなかに入れずに作業していた。

【原因】

　原因は、ズボンのすそをしっかりとしまっていなかったこと。足カバーなどをつけていても、スパッタは靴のなかに入ってくることもある。また、燃えやすいナイロン質の素材に燃え移ったことで事故になってしまった。

個人用冷却器や空調服などを活用しよう

　次に、高温下による脱水対策です。溶接作業場は防風対策が必要なため、非常に暑くなりやすい環境です。そもそも、保護具を着用すると熱が逃げにくくなります。さらに、熱を発する溶接作業は想像以上の暑さになります。水分をこまめにとる、ミネラルや塩分を補給するなどの基本的な対策に加えて、作業者向けの個人用冷却器などを使用するのもおすすめです。

　近年は熱中症対策が進んでおり、空調付きの作業着なども登場しています。これは作業着に冷却ファンがついており、体に直接風を当てることができるので、こもった熱を逃すことができます。暑い日などに溶接作業をするときは、適度に休憩を挟むことも忘れずにしましょう。

知っておくと便利！　いろいろある熱対策グッズ

　近年は、熱中症対策用に溶接作業でも体を冷やすグッズが続々と販売されている。空調服や個人用冷却器がその代表的なアイテム。

　空調服はファンと電源が内蔵されており、どこでも使えるので便利。

冷却ファン内蔵の空調服。綿素材で耐熱性も高い。

個人用冷却器は圧縮空気をホースに通して接続する。

少しの油断も禁物！
溶接は感電が危険

溶接は電流を扱う危険な作業だと心得ましょう。わずかな
油断が大きな事故につながる感電には細心の注意を！

国が定める規則や法律にも注意事項が記載

　溶接の事故でもっとも怖いのが感電です。感電事故が発生すると人体に多大な
ダメージを与え、最悪の場合は死に至ります。溶接業界では広く「電撃」とも呼
ばれ、厚生労働省の労働安全衛生規則にも条文が盛り込まれています。以下の
10カ条は、こうした規則や法律などをもとに日本溶接協会がまとめたものを参
考に作成しました。家庭で作業する場合でも必ず守りましょう。

 感電防止の10カ条

①狭い場所
狭い場所で作業をする場合、ケーブルなどに
触れないよう注意が必要。

②湿気が多い場所
湿気が多いと漏電の危険性があるため、溶接
機に漏電防止装置をつける。

③溶接機の設置場所
溶接機が不安定だと、転倒して不慮の事故を
招くため安定性を確保する。

④溶接機の電源
溶接機の電源を差し込む場所に水気がない
か事前にチェックする。

⑤溶接棒ホルダの置き場
ホルダを直接作業台に置くと電流が流れるた
め専用の置き場を用意する。

⑥水気の付着
ホルダやトーチ、手袋などが濡れていないか安
全確認をする。

⑦地肌の露出
溶接棒やワイヤを地肌で触れることがないよう
注意する。

⑧ケーブルの状況
ケーブルがコイル状に巻かれていたり、損傷が
ないか事前に確認する。

⑨保護具
作業をする前に適切な保護具で体を覆ってい
るかを確認する。

⑩電源スイッチ
溶接作業を中断するときは、溶接機の電源を
必ず切っておく。

【事例】自分の汗で事故に！

【発生状況】

保護具を身につけておらず、ひざが母材に接していたため感電を起こす状態だった。また気温が高いなかで溶接作業をしていたため、作業者はかなり発汗していた。溶接棒の先端に触れたことで、感電事故を引き起こした。

【原因】

発汗していたことで、より通電しやすい状況にあった。その状態で溶接棒に触れたために感電。仮止め作業を安易に考え、前かけや足カバーをつけていなかったことも原因のひとつ。作業状態や保護具などの安全点検を怠っていた。

手袋が汗で濡れていると感電リスクが高まる

溶接機の扱いには細心の注意が必要です。初心者にありがちなミスが、革製手袋などをつけずに配線やホルダなど、通電している箇所に触れて感電するケースです。また、溶接直後の金属をうっかり素手で触れてやけどを負ってしまうこともあります。溶接の作業中は不用意に手袋をとらないようにしましょう。

見落としがちなのが自分自身の汗です。上記の事例は、汗によって感電を引き起こして事故につながりました。汗をかいたとき手袋で拭ってしまいがちですが、濡れていると感電の原因になります。暑い日に溶接作業をするときは、こまめに作業を止めてタオルなどで汗を拭いましょう。

溶接する母材には、なるべく体が触れないようにすることも大切です。たとえ革製の前かけなどをしていても、体が触れていると感電しやすくなります。感電事故は意外なところに落とし穴があるので、常に注意を払いましょう。

 自動電撃防止装置とは？

感電事故を防ぐため、多くの溶接機には自動電撃防止装置が搭載されている。そのしくみは、溶接棒と母材が離れている間は、安全電圧を出力し、溶接棒と母材が接触したことを感知して強い電圧を出力するというもの。

ただし、自動電撃防止装置が稼働していると、アークが起動しづらくなることがある。そのため、自動電撃防止装置の機能を使わずに溶接機を使う人もいるが、感電事故を引き起こす原因となるので避ける。

作業着をそのまま洗うと
洗濯機が壊れる!?

溶接作業は原則、作業着で行うことが推奨されていますが、作業着はスパッタや油で汚れます。この汚れた作業着を全自動洗濯機で洗うと、壊れてしまう危険があります。

　その大きな原因となるのが、スパッタなどに代表される鉄粉です。鉄粉は作業着の表面に付着するだけでなく、靴下のなかにまで入り込むことがあります。そのまま洗濯機で洗うと、排水口や排水ホース、フィルターなどが詰まったり、サビが発生したりします。そのため、溶接作業をした衣服類は、洗濯機に入れるま前に鉄粉を落とさなくてはなりません。

　まずは、洋服ブラシや洗濯ブラシなどを用いて衣服に付着した鉄粉を落としましょう。ブラッシングするときはなるべく屋外で行いましょう。

　そして、ブラッシングだけでは完全に鉄粉を落とすのは難しいので、さらに手もみ洗いすることをおすすめします。洗濯用固形せっけんや中性洗剤などを使い、汚れた部分を丁寧に洗い落としましょう。

　また、積極的に活用したいのが洗濯ボールの使用です。洗濯機のなかにいっしょに入れることで水の循環がよくなり、油汚れなどもキレイに落としてくれます。さまざまな種類がありますが、とくに洗剤の効果を高めるセラミック・マグネシウムタイプがおすすめです。

第**2**章

溶接のしくみを
押さえておこう

金属の特徴と
3つの接合方法

変形したり熱を通したりするのが金属です。この性質を利用した接合法を紹介します。

金属が溶接でくっつくメカニズム

金属は、結晶粒と呼ばれる粒子の集まりです。それぞれ金属の種類によって、原子が異なり、それぞれ結晶格子と呼ばれる配列で結びついています。

金属の大きな特徴は「力を加えると変形する」「熱や電気をよく通す」という点です。これは金属の原子同士が結びついている結合力に対して、何らかの力を加えることで、原子同士の距離が伸びたり縮んだりして変形しやすい性質を表しています。金属の種類によっても結合方法は異なり、それぞれの性質を左右しています。

一般に、金属の板などに熱に加えると、強かった原子同士の結合力が徐々に弱まり、材料が赤くなるまで熱すると容易に曲がるようになります。さらに加熱して一定の温度を超えると、原子同士の結合力がなくなって液体の状態になります。この液体になった状態で金属と金属を結合するのが溶接の基本です。

ではなぜ、液体になった後に結合するのでしょう。まず、液状になった2つの金属をなす原子は、自由に混じり合います。材料が冷やされると、母材の溶け止まった面をなす原子と動き回っていた原子が手を結んでいきます。こうして改めて金属は強い力で結ばれるわけです。この結合法を冶金的接合法と呼びます。

溶接以外で金属をつなぎ合わせる方法

ほかにも、金属を接合する方法には機械的接合法、接着剤接合法があります。機械的接合法はいわゆるボルトなどの工具によって金属を接合する方法です。

いっぽうの接着剤接合法は、接着剤などを用いて異なる材質などを接合する際に用います。複雑なものをつくろうとする際、それぞれの接合法を使い分ける必要がありますので、メリット・デメリットを右表で確認しましょう。

各種接合法の ◎メリット ×デメリット

	◎ メリット	✕ デメリット
機械的 接合法	・簡便な工具で組み立て、解体することができる。 ・信頼性の高い接合ができる。 	・信頼性の高い接合を得るには多数の部品や加工が必要となり、工数が多くなって製作日数やコストがかかる。 ・接合部品により製品重量が重くなる。
冶金的 接合法 (溶接)	・継手の形状が簡単で、しかも自由度が高い。 ・短時間で固定、接合できる。 ・機密・水密性が得られる。 ・製品重量が低減でき、組み立ての工数を減らせる。 	・ひずみなどが発生し、寸法精度の維持が難しい。 ・溶接による特有の欠陥が発生することがある。 ・解体が難しい。
接着剤 接合	・ほとんどの材料の接合ができる。 ・素材の性質や形状を変化させない。 ・機密や水密性が得られやすく、製品の外観品質も良い。 ・電気的・熱的な絶縁効果が得られやすい。 	・固定をするのに時間がかかる。 ・耐熱性に限界がある。 ・耐用年数などに関するデータが少ない。

chapter 2-2

金属同士をつなぐ方法と理論を知る

金属をつなぎ合わせる「冶金的接合法」は3つに大別されます。そのうち「融接」がいわゆる「溶接」です。

「溶かしてくっつける」だけではない接合法

　金属の特性を利用して金属材料を接合する冶金的接合法は、大きく「融接」「圧接」「ろう接」の3つに分けられます。このうち融接がもっとも一般的に用いられ、母材の溶接部を加熱して、材料同士を融合させて接合する方法です。使用するエネルギーによってやり方が異なり、「ガス溶接」「レーザー溶接」「アーク溶接」などがあります。

　圧接は、2つの金属を接触させて、大きな圧力を加えて金属を接合する方法です。たとえば、圧接のひとつに「抵抗スポット溶接」という手法があります。この方法では、専用の機械を用いて、重ね合わせた金属に電流を流して局部的に接合することができます。

　一般的に「はんだ付」と呼ばれる接合法に含まれるのが、ろう接です。2つの金属を溶かすのではなく、そのすき間に母材よりも融点の低い金属である「ろう材」を流し込んで金属を接合します。ろう接は表面張力などをうまく活用したもので、おもに鋼の配管や真ちゅう材を接合する方法として利用されています。

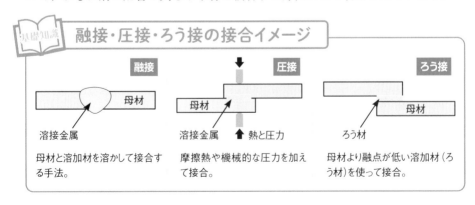

基礎知識 融接・圧接・ろう接の接合イメージ

融接	圧接	ろう接
溶接金属／母材	溶接金属／母材／熱と圧力	ろう材／母材
母材と溶加材を溶かして接合する手法。	摩擦熱や機械的な圧力を加えて接合。	母材より融点が低い溶加材（ろう材）を使って接合。

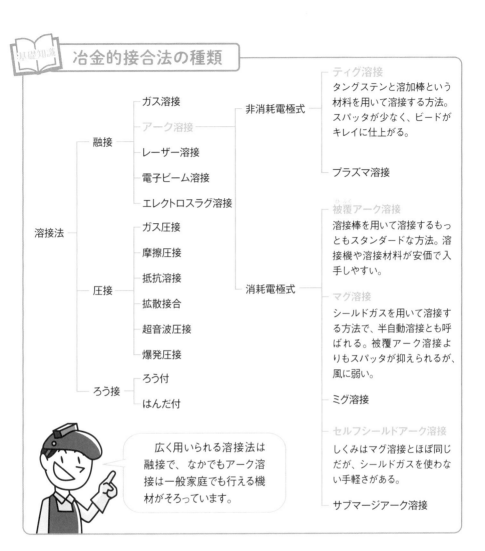

ティグ溶接
タングステンと溶加棒という材料を用いて溶接する方法。スパッタが少なく、ビードがキレイに仕上がる。

プラズマ溶接

被覆アーク溶接
溶接棒を用いて溶接するもっともスタンダードな方法。溶接機や溶接材料が安価で入手しやすい。

マグ溶接
シールドガスを用いて溶接する方法で、半自動溶接とも呼ばれる。被覆アーク溶接よりもスパッタが抑えられるが、風に弱い。

ミグ溶接

セルフシールドアーク溶接
しくみはマグ溶接とほぼ同じだが、シールドガスを使わない手軽さがある。

サブマージアーク溶接

- 溶接法
  - 融接
    - ガス溶接
    - アーク溶接
      - 非消耗電極式
      - 消耗電極式
    - レーザー溶接
    - 電子ビーム溶接
    - エレクトロスラグ溶接
  - 圧接
    - ガス圧接
    - 摩擦圧接
    - 抵抗溶接
    - 拡散接合
    - 超音波圧接
    - 爆発圧接
  - ろう接
    - ろう付
    - はんだ付

広く用いられる溶接法は融接で、なかでもアーク溶接は一般家庭でも行える機材がそろっています。

広く一般に普及するアーク溶接

　本書では融接のなかでも一般に広く活用されているアーク溶接を解説していきます。アーク溶接は、消耗電極式と非消耗電極式に大別されます。消耗電極式は、電極に母材とほぼ同じ金属の溶接棒やワイヤを用いて、母材を溶かしながら、溶けた溶接棒が母材に付着する方式です、いっぽうの非消耗電極式は、電極にタングステンを用いて母材を溶かしていきます。いずれも家庭でも行うことができる溶接法です。

金属を選ぶときは特性をチェック

溶接が可能なおもな金属を紹介。それぞれ特性があり、相性のよい溶接法が異なるので注意しましょう。

金属の特徴や溶接のしやすさなどを考慮しよう

ひと言に金属といっても、さまざまな種類があります。溶接で扱うもっとも基本的な材料は鉄です。といっても溶接で扱う鉄は、純粋な鉄ではなく、炭素やマンガンといった異なる元素を含んだ「鋼」です。溶接で使う金属はこうした異なる元素を含む量によって、溶接のしやすさが違ってきます。

鋼は、ホームセンターなどではよく「軟鋼」として表記されています。価格は安価で、切ったり削ったりといった加工がしやすく、どの溶接方法でも溶接できるので初心者には向いている材料です。ただし、さびやすいので水回りの製品には不向きです。

いっぽう、水回りや屋外で使う物にも活用できるのがステンレス。さびにくい性質があり、鉄では必要になる塗装の処理も不要な点がメリットです。また、代表的な材料のなかでは、溶接自体もっともしやすい材料といえます。しかし、比較的高価で切削などの加工は難しいので、扱いには慣れが必要です。

軽くてさびにくい金属にアルミニウムがありますが、これはティグ溶接で溶接が可能。ただし、溶接の難易度は高め。とくに、板厚が薄いものは溶け落やすいので、溶接機の設定や技術の習得が重要です。

知っておくと便利! ホームセンターで安く買える!

溶接で扱う金属材料は、一般的なホームセンターなどで購入することができる。おもに構造鋼材や鋼材と呼ばれる鋼、ステンレス、アルミニウム などの種類があり、それぞれ板状、棒状、角状などがある。なかにはすでにフェンス状になっているものもあり、用途によってさまざまな形状を選ぶことができる。

溶接できるおもな金属とその特徴

鉄（鋼）
・価格が安い
・どの溶接方法でも溶接可能
・切削などの加工が容易
・さびやすく塗装が必要

ステンレス
・鉄（鋼）よりも高価
・溶接方法はティグ溶接が主流
・切削などの加工が難しい
・もっとも溶接しやすい
・さびにくく水回りの製品でも可

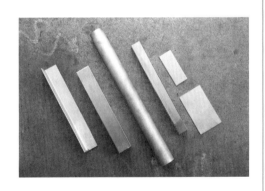

アルミニウム
・切削などの加工が容易
・溶接方法はティグ溶接（交流のみ）
・溶け落ちやすく溶接の難易度は高め
・鉄やステンレスよりも軽い

激しい光と熱を放つ 溶接の「アーク」とは?

アーク溶接では、どのようにして金属を溶かしているのでしょう。そもそもアークが発生するしくみとは?

太陽並みの熱を発する放電現象

アーク溶接は、気体の放電現象であるアーク光を利用した融接法です。この現象では、空気中に発生した電流が強い光と熱を発生します。身近なものでいえば、電源からコンセントを抜いたときや、電車のパンタグラフでバチバチッと発生する光を想像するとわかりやすいでしょう。

アークの温度は5000〜2万℃とされ、アーク溶接ではこれを熱源として金属を溶かしていきます。鉄の融点は1500℃ほどなので、アークの熱で十分に溶かすことができます。

アークは2つの電極に通電させ、互いに引き離していく際に発生します。たとえば被覆アーク溶接では溶接棒がプラス、母材がマイナスになるように電圧をかけて、それをくっつけて通電させてから離すという方法でアークを発生させています。このとき、電流が弧のような形を描くことから「アーク」と名づけられました。

アークは溶接だけでなく金属を切断する際にも用いられています。有名なものがプラズマ切断法。低コストで金属を切断できるため、活用されています。

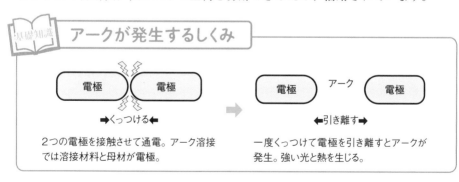

基礎知識 アークが発生するしくみ

電極	電極
➡くっつける⬅	

2つの電極を接触させて通電。アーク溶接では溶接材料と母材が電極。

電極	アーク	電極
⬅引き離す➡		

一度くっつけて電極を引き離すとアークが発生。強い光と熱を生じる。

電極のプラスとマイナスの作用

　アーク溶接をマスターするためには、アークの特性を知っておくことが大切です。下図を見てわかるように、アークが発生したとき、その内部では周囲の気体をマイナスの電子とプラスのイオンに電離させた状態で存在しています。このとき、プラスイオンは溶接材料、マイナス電子は母材の近くに集まって、急激に電圧が降下します（ティグ溶接の直流の場合）。このプラスイオンが集まった部分を「陰極降下部」、マイナス電子が集まった部分を「陽極降下部」と呼び、その間にある部分をアーク柱と呼びます。また、この3つを総じてアーク電圧といいます。そして、このアーク柱の長さは「アーク長」と呼びます。

小さな電圧で大きな電流を発生できる

　アークの特徴としては、小さな電圧で大きな電流を発生できる点が挙げられます。ただ、安定した電流を流すためには電圧を一定に保つ必要があります。溶接機によって異なりますが、出力電流は5〜1000A、出力電圧は8〜40Vほど。材料の特性や厚み、溶接法の違いを考慮して電流や電圧を調整します。

ココが重要！ アークの電気的特性（ティグ溶接の直流の例）

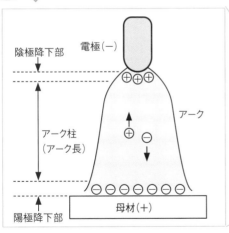

アークは高温になった気体の一部が電離して、陽イオンと電子を含んだプラズマになったもの。マイナス極側からプラス極側（図の上から下）へ高速のガスが流れ、アーク内は最高2万℃ほどの高温になる。

母材か作業台か
アースのしくみと取り方

溶接の電流を流すために必要なアース。溶接機との距離は
重要で、事故がないように注意が必要です。

溶接機とアースの距離に注意

　溶接機を設置する際、ポイントのひとつがアースです。アースとは溶接機から
伸びる電極で、多くの場合クランプ型をしています。アースは溶接機からの電流
を流すため、必ず電気を通す金属などに接続する必要があり、この配線を「アー
スを取る」といいます。アースのクランプは、溶接する対象となる母材に接続す
るのが基本です。ほかに、金属製の作業台に接続する方法もありますが、その際
は作業台にも電気が流れるので、溶接時には注意が必要です。

　大切なのは溶接機とアースの距離。母材以外の金属にアースを接続している場
合、その間にも電流が流れます。母材から離れた場所でアースを取ると、大きな
回路をつくって、そこを電気が走ることになります。これが思わぬ感電を招く危
険性があります。アースは、母材または母材近くで取るのが基本です。

基礎知識 アースクリップのさまざまな種類

　母材などにアースを接続するためのクリップを
アースクリップと呼ぶ。基本的に、万力（まんりき）
型とクランプ型の2種類がある。万力型はほとんど
アースを取り外すことがない場合に用いられ、クラ
ンプ型は取り外すことが多い際に用いられる。

　アースは母材に接続することが望ましく、家庭用
ではクランプ型のほうが使いやすい。ただし、クラ
ンプ型でも接地面積の大小によって、電流の流れや
すさが変化する。なお、100V電源用の溶接機はほと
んどがクランプ型となっている。

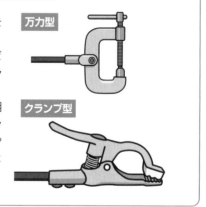

万力型

クランプ型

アースを取る2つの方法

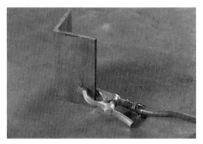

母材から取る
母材からアースを取る場合、写真のように接続する。アースクリップがクランプ型のほうが、取り付けや取り外しが容易。

作業台から取る
溶接機との距離が長くなりすぎないよう注意。おもにアースを固定して使用する際の方法で、万力型のアースクリップを使うことが多い。

アースを接続するときの３つのポイント

アースを適切に接続するには3つのポイントがあります。

①アースの接地面積

アースの接地面積はできるだけ広いほうが電流が流れやすくなります。

②接続場所をキレイにしておく

アースを接続する場所にさびや汚れがついていると、電気がうまく流れなくなります。接続前に必ずブラシで磨いておきましょう。

③アースの接続部分をしっかりと固定する

接続部分がグラグラしていると、電流が流れにくくなり、感電や機器の誤動作などを起こしやすくなります。

アースをどのように接続するかは、溶接の不具合や事故を防止する意味でも非常に重要です。とくに、作業台などからアースを取らざるを得ない場合、溶接機との距離だけでなく、キャプタイヤケーブルの状態などもチェックしましょう。

キャプタイヤケーブルとは、ホルダやアースと溶接機をつなぐケーブルを指します。許容電流によって種類が異なり、おもに固定配線用と可動配線用とがあります。家庭用溶接機ではほとんどのケーブルで対応可能ですが、もしキャプタイヤケーブルの許容電流を超えてしまうと、発火してしまうことがあるので注意が必要です。

溶接方法によって異なる作業の姿勢

きちんとビードを引くための第一歩が溶接作業時の姿勢。
基本的な姿勢である下向き姿勢のポイントを紹介。

4つある溶接姿勢のうち基本が下向き

　アーク溶接は行う際には、その姿勢も大切なポイントになります。おもに下向き・立向き・横向き・上向きの4種類があり、自分から見て溶接する母材がどの位置にあるかによって異なります。もっともオーソドックスな基本姿勢が下向き姿勢です。母材が溶接作業者の下にある状態を指します。

　いっぽうで、立向き・横向き・上向き姿勢はいずれも難易度が高く、下向き姿勢が安定してできるようになってから練習しましょう。ここでは各溶接法において、下向き姿勢で溶接するポイントについて解説します。

 4つの溶接姿勢

下向き姿勢

溶接の基本となる姿勢。運棒がしやすい。

立向き姿勢

溶接方向

作業者が壁に向かうようにして溶接する姿勢。溶接方向が上下。

横向き姿勢

溶接方向

作業者の体の位置は立向き姿勢と同じだが、溶接方向が左右。

上向き姿勢

天井を溶接するような姿勢。もっとも難易度が高く、コツが必要。

「被覆アーク溶接」の場合

作業台に対して胸が平行になるように腰をかけ、台はひざよりも少し下にくるようにして、足を肩幅程度に開いて座る。作業台や椅子の高さは自分の姿勢に合わせて調整する。

ホルダは力が入りすぎないように軽く握り、ひじは母材とほぼ平行になるように固定する。肩の力は抜いて、やや前かがみの状態で溶接部をのぞき込む。溶接棒が長いので、ホルダにしっかりと固定されているか確認する。

「マグ溶接」の場合

基本的な姿勢は被覆アーク溶接とほぼ同じ。胸が作業台と平行になるように、ひじを張ってトーチを構えるが、体に無理がないよう台や椅子を調節すること。

マグ溶接では、トーチと溶接機をつなぐケーブルが移動操作の妨げにならないよう注意したい。トーチのケーブルが大きく曲がると、ワイヤの供給に影響を及ぼし、アークが不安定になる。姿勢とともにケーブルの配置にも気をつける。

「ティグ溶接」の場合

ティグ溶接は、トーチに加えて溶加棒を片手でもたなくてはならないため、両手で操作する必要がある。そのため保護面は手持ちではなく、ヘルメットタイプや着脱タイプを使用する。

ティグ溶接ではひじを張る必要はなく、脇を締めて手首を固定することがポイント。ティグ溶接には、スパッタの量が少なく溶融プールが見やすいメリットがある。

見た目の美しさを決めるビードとは?

溶接した部分にできるのがビードと呼ばれる盛り上がり。
そして、溶接の美しさはこのビードで決まります。

ビード幅には適切な長さがある

ビードとは、溶接で金属をつなぎ合わせた後、うろこ状に金属が盛り上がった部分を指します。ビードは溶接の強度や仕上がりの見た目を良くする要素のひとつで、「ひも出し加工」とも呼ばれます。

ビードは、被覆アーク溶接で使用する溶接棒やマグ溶接で使用するワイヤといった溶加材が溶けて、母材に付着することで生じます。

ビードには適切な幅が定められており、その際「脚長」と呼ばれる溶着金属の部分の長さが測られます。

下図を見てください。これは2つの母材を直角に溶接する「水平すみ肉溶接」と呼ばれるものです。縦の母材と横の母材にくっついている部分(脚長)がなるべく等しくなることが望ましいとされています。DIYでは決まりに従う必要はありませんが、正しい溶け込みを示す目安として覚えておくとよいでしょう。

なお、2つの金属を側面同士でつなぎ合わせる「突き合わせ溶接」では、「水平すみ肉溶接」のような脚長は生じません。

【基礎知識】 ビードの幅を示す脚長【水平すみ肉溶接の場合】

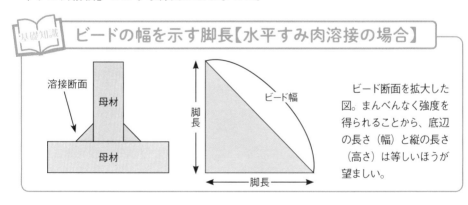

溶接断面　母材　母材

脚長　ビード幅　脚長

ビード断面を拡大した図。まんべんなく強度を得られることから、底辺の長さ(幅)と縦の長さ(高さ)は等しいほうが望ましい。

キレイなビードを引けるようになるには？

　ビードがうまく引けるようになるポイントは、おもに「アーク長」「溶融プール（ようゆう）の安定」「トーチ・ホルダの動かし方」「電流値の設定」の4つです。

　いずれも次項からくわしく解説しますが、これらは独立して気をつけるのではなく、すべて連動していると考えてください。

　たとえば、トーチ・ホルダの動きがブレて母材と電極の距離で決まるアーク長が乱れると、溶融プールも不安定になります。電流値はこうした要素を決めるための指標ですので、その設定がカギを握っているのです。

 溶接法によるビードの違い

①被覆アーク溶接
技量によって見た目に大きな差が出る。また溶接棒の種類によってもビードは異なる。

②マグ溶接
被覆アークより外観がよい。フラックス入りワイヤ（写真）とソリッドワイヤがあり、前者がより美しい。

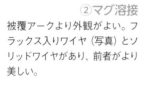

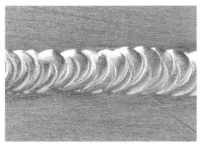

③ティグ溶接
ティグ溶接といえば美しいビード。スパッタが出ず、仕上がり表面は滑らかで細かな波目模様ができる。

溶接棒は距離と スピードが大切!

溶接の仕上がりの美しさを決めるのはアーク長と溶接速度。訓練をつんで感覚的に身につけましょう!

母材との距離で決まるアーク長

　本書で紹介する溶接法は、すべて「アーク溶接」に分類され、アーク放電と呼ばれる電気的現象を活用し母材の金属を溶かしていきます。そして同時に、溶接金属をつくるために、母材が接合する部分には、溶接棒やワイヤなどの溶加材と呼ばれる金属材料が溶かし加えられます。この溶加材の先端と母材との距離を「アーク長」といいます。

　溶接では、このアーク長を一定に保ちながらいかに作業できるかが重要で、理想の溶け込みを得るためには適切な距離感をつかむ必要があります。また、アーク長は電圧に比例するので機器の特徴を把握することも大切です。

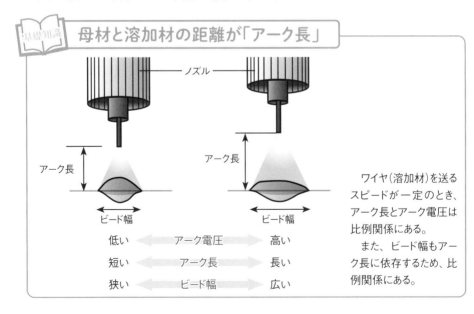

母材と溶加材の距離が「アーク長」

ノズル

アーク長

ビード幅

低い	← アーク電圧 →	高い
短い	← アーク長 →	長い
狭い	← ビード幅 →	広い

ワイヤ(溶加材)を送るスピードが一定のとき、アーク長とアーク電圧は比例関係にある。

　また、ビード幅もアーク長に依存するため、比例関係にある。

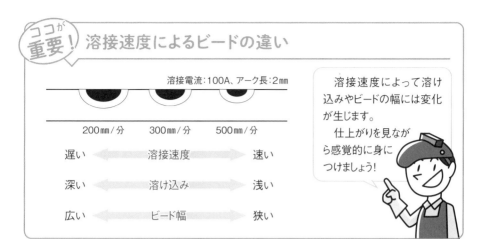

溶接速度によって異なるビードの幅

　溶接の仕上がりを決める要素には、アーク長と相互に関係するアーク電圧、溶接電流、溶接速度があります。溶接電流・アーク電圧については後述しますが、ビードの幅を見ながら適切な数値を決めていかなければなりません。

　溶接速度は、文字どおり、どのぐらいのスピードで溶接を進めていくかというファクターです。つまり、溶接棒を動かす速度のことを指します。溶接速度を速くすると、おもに以下の4つの現象が生じます。

①ビード幅が狭くなる

②溶け込みが浅くなる

③余盛りが低くなる

④オーバーラップという不具合が生じる

　溶接速度は、アーク長と同様に一定に保つことが大切ですが、溶接機の電圧にも左右されるので、いかに微調整できるかが重要です。

　また、電流値を決めるときは、溶接速度が一定でないと適切な電流値を探ることができません。どのぐらいのスピードで溶接していくのか、経験を積みながら、ある程度自身の基準をもって進めていくことが肝心です。

　溶接の教科書などでは、計算式に当てはめて適切な溶接速度を求めていきますが、実際にその速度に合わせて作業を続けるのは、あまり現実的ではありません。訓練を重ねて、溶接の仕上がりを見ながら、適切な速度を探っていくほうが現実的です。

肉眼では見えない！溶融プールの正しい見方

溶接は、溶融プールをしっかり目でとらえて進めなくてはいけません。動作や見るべきポイントを解説します。

ビードの良し悪しを決める溶融プール

アークの熱によって金属が溶けると、液体となり水たまりのようなものを形成します。この液体状の金属を「溶融プール」または「溶融池」といいます。

溶接中は、この溶融プールを観察しながらどれだけスムーズに棒を運んでいくかがビードの良し悪しにかかわります。しかし、溶融プールは肉眼では見えません。そのため、初心者は最初、適正な溶融プールの状態が、なかなかつかめない傾向にあります。

溶融プールは金属が溶けて液状になっており、微妙な加減で形状が変化します。たとえば、同じ場所でアークを当て続けると、溶融プールの幅がだんだん大きくなり、広がっていきます。

また、運棒スピードが急に変わったりすると、溶融プールが細くなったり広くなったりと不安定になり、ビード幅の仕上がりも均一ではなくなってしまいます。これは、アークを当てる角度が変わったり、アーク長が変わることでも同じです。溶接中は溶融プールの広がり方を確認することが大切なのです。

 肉眼では見えない溶融プール

溶融プールは外部からは肉眼で見えず、遮光ガラス越しに確認するしか目視の方法はない。

もしも暗すぎて溶融プールが見えにくい場合は、遮光ガラスの遮光番号をひとつ下げるか、遮光ガラスを取り換えるとよい。

溶融プールがはっきりと見える遮光度のガラスを選ぶことがポイントだ。

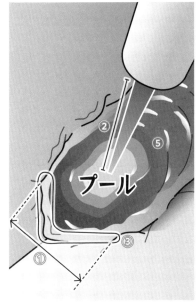

ココが重要！ 溶融プールを見るときのポイント

①溶融プールの幅
ビードの良し悪しを決める重要なチェックポイント。幅が一定に保たれているかを確認する。

②溶融プールと溶接棒の位置関係
溶接棒の先端と母材の高さによってアーク長が決まる。きちんと溶け込んでいるかを確認する。

③先行する方向の溶融プールの形状
進行方向のプールの形状がキレイな半円形になっているかチェックする。

④溶融プールの表面の状態
表面の状態に凹みがないかをチェックしながら溶接棒を動かしていく。

⑤溶融プールが冷えて固まる箇所
一定の高さで盛れているかを確認。表面の状態とともにチェックする。

溶融プールを見るチェックポイント

　溶接中、溶融プールを見るポイントは、おもに次の5つがあります。
①溶融プールの幅
②溶融プールと溶接棒先端との位置関係（アーク長）
③先行する方向の溶融プールの形状
④溶融プールの表面の状態
⑤溶融プールが冷えて固まる箇所

　とくに重要なのは「①溶融プールの幅」と「②溶融プールと溶接棒の先端との位置関係（アーク長）」です。なぜなら、①をそろえるには、②を安定させる必要があるからです。また、溶融プールの幅は溶接速度や溶接電流によっても左右されるため、熟練者は溶融プールを見ながらその微調整も同時に行います。

　なお、④と⑤はビードが適切な高さに盛られているかをチェックする項目でもあるので、確認しながら進めていきましょう。

まずはここから！溶接の基本テクニック

いかに動きを安定させられるかが基本です。まっすぐに
ビードを引くためのコツを紹介しましょう。

手ではなく腕全体を動かすイメージ

　溶融プールを安定させて、ビードを美しく引くためには何よりも経験が必要ですが、コツを押さえておけば、テクニックを早く身につけられます。ポイントは、手を動かすのではなく腕全体で溶接棒を動かすこと。体重移動をするイメージで、溶接棒やワイヤを動かしていくことが大切です。

ココが重要！ トーチの角度とアーク長を一定にして動かす

ひじを一定の高さを保ち、体を母材と平行にする。溶接棒やワイヤの傾きを決め、手首を固定した姿勢をキープする。

10〜20度
平行に移動

角度を保つために手首などを固定して体ごと動かすのがポイント。

> 　どの溶接法でもひじと手首を固定して、腕全体を移動させるイメージで溶接棒やワイヤを動かしていくことが肝心です。手首だけでやろうとすると母材との高さが保てず、ビードが不安定になるからです。肩の力を抜いて、進行方向に向かって体重を移動するイメージで棒を動かしていきます。

70

覚えておきたい溶接棒の動かし方

溶接棒を動かすテクニックには、大きく分けてストリンガビード法とウィービングビード法の2種類があります。ストリンガビード法は、まっすぐ直線状にビードを置いていきます。対してウィービングビード法は、棒を左右に振りながらビードを置いていく方法です。

ストリンガビード法のコツは、溶接するラインから外れないように、ブレずに棒を動かしていくことです。そのためには下図で解説しているように、棒の傾きや高さを保つ姿勢が大切になります。

まっすぐビードを置くのは熟練者でも難しいため、不要な板を使って練習から始めましょう。練習方法としては、まず板に線を引きます。その線に沿ってストリンガビード法を試してみましょう。まずは30mmくらいから始めて、慣れてきたら長くしていきます。ストリンガビード法は基本的なテクニックではありますが、マスターするにはある程度の時間と訓練が必要です。

ココが重要！ まっすぐビードを引くストリンガビード法

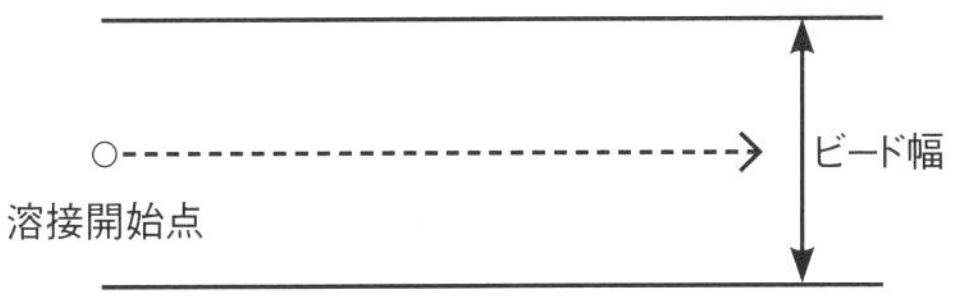

溶接開始点
ビード幅

基本は接合部の中心を狙ってアークを起動。溶融プールが溶接部のラインからブレないようにまっすぐ引くのがポイント。ときどきアークを切りながらつないでいくイメージで練習するとよい。

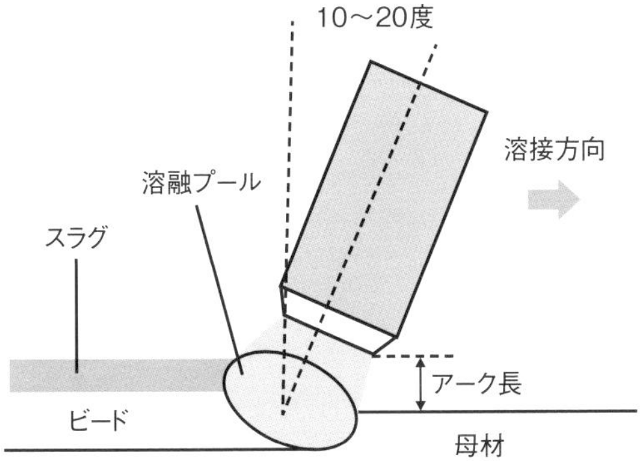

10〜20度
溶接方向
溶融プール
スラグ
ビード
アーク長
母材

左図は、被覆アーク溶接におけるストリンガビード法のイメージ。溶接棒は10〜20度傾けて進める。溶接棒は次第に溶けて短くなっていくので、アーク長を一定に保つためには、溶接を進めながら少しずつ母材に近づけていくのがコツ。

ビード幅を調整できる ウィービングビード法

ストリンガビード法よりも使用頻度が高いウィービングビード法。ビードを安定させる重要テクニックです。

電極の先端を動かしながらビードを引く技術

ストリンガビード法とともによく使用されるのがウィービングビード法です。ウィービングビード法は、溶接の進行方向に対してほぼ直角、左右交互に電極の先端を振りながら動かしていくテクニックです。

ストリンガビード法は、電極をまっすぐ動かすためビード幅はアークの広がりに左右されます。そのため任意の幅に調整することはなかなかできません。

いっぽう、ウィービングビード法は電極の動かし方によっては、幅広のビードに仕上げることができます。これは、穴やすき間が広がっている母材を溶接する際にも役立ちます。溶接工によっては、ストリンガビード法をほとんど使わず、ウィービングビード法だけで溶接するという人もいるほど重要な技術です。

基礎知識 上下に棒を動かすウィービングビード法

目標とするビード幅のやや内側で棒を止める。棒の狙い目

溶接開始点

ビード幅

両端の部分で少し止める

ピッチ

左図は、被覆アーク溶接でのウィービングビード法のイメージ。まずビード幅を決めたら、その中心から溶接を開始して、ビード幅の最大値に収まるように棒を振る。

その際、注意したいのがピッチ。ピッチが大きすぎると溶融プールの前方に溶接棒がはみ出して、スパッタが多くなり、ビードの波目が不規則になってしまうので要注意。

ウィービングビード法を身につけるコツ

　ウィービングビード法は、溶接をするうえで非常に重要なテクニックです。マスターするために必要な5つのポイントを紹介しましょう。

　①ウィービングの幅は電極径の3倍程度まで……ウィービングする幅は、基本的に電極の直径の3倍程度が理想的とされています。たとえば、溶接棒の心線（しんせん）の直径が4㎜の場合、ウィービングの幅は12㎜程度。ウィービングの幅が広すぎると、ブローホールや融合不良といった溶接不具合の原因になりやすいからです。ただし、溶接工のなかには直径の4倍ぐらいまでは大丈夫だとする人もいます。いずれにしても、溶接中に正確に計測するのは難しく、最初はあまり大きく振りすぎないということを意識しましょう。

　②手首や指先をうまく使う……ストリンガービード法と同様に、ビードの進行方向へは体を動かしますが、ウィービングの振りは、指先や手首で行うほうがブレが少なく、安定しやすくなります。

　③求めるビード幅までプールを広げる……引きたいビード幅の両端でいったん動きを止めて、中央を素早く動かすイメージで行いましょう。

　④棒を動かすだけでなく、しっかりと溶融プールを動かす……棒を動かした際に、きちんと溶融プールがついてきているかを確認しながら進めましょう。溶融プールがついてこないと、中央が盛り上がるだけになってしまい、溶け込みが浅くなる可能性があるからです。

　⑤ジグザグの動きを溶接方向に進みすぎないようにする……ジグザグの幅（ピッチ）はなるべく小さくすることが大切です。溶接方向に大きくなりすぎるとビードが粗くなりがちです。

　上記5つのポイントを押さえて練習することが上達への近道です。

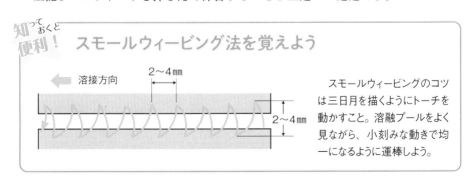

知っておくと便利！ スモールウィービング法を覚えよう

← 溶接方向

2〜4㎜

2〜4㎜

　スモールウィービングのコツは三日月を描くようにトーチを動かすこと。溶融プールをよく見ながら、小刻みな動きで均一になるように運棒しよう。

溶接はここから始まる 仮止めをマスターしよう

chapter 2-12

仮止めは溶接を行うときの最初の一歩です。ポイントを狙って「しっかりと溶かす」のがポイントです。

おろそかにできない仮止め

金属を完全につなげる溶接作業を本溶接といいますが、その前に一部を溶接して母材の位置関係を固定することを「仮止め」や「仮付け」または「タック溶接」といいます（以降、仮止め）。すべての溶接を行う際の基本的なテクニックで、これを行わずに溶接すると金属のひずみが大きくなるなどの不具合が生じやすくなります。仮止めの時点で金属がしっかり溶け込んでいないと、本溶接をしたときに金属がひずんで、すぐに仮止めが割れることがあります。

また、仮止めをする際には①位置、②間隔、③順番が重要です。それぞれ誤った仮止めをすると、うまく本溶接ができなくなります。しっかりとマスターするためには、完成形を意識できるようになりましょう。

 ## 仮止めで大切な3つのポイント

位置
おもに、溶接する部分の両端や中心を仮止めするのが基本。その際、金属のひずみを意識して仮止めをする「順番」も重要ポイント。

位置
溶接部分が長い場合、仮止めをする間隔が肝心。基本的に一定の間隔になるようにする。円筒などの場合は対角線で仮止めしていく。

順番
仮止めの基本は両端に施してから、中心やその間を止める。順番を誤ると金属のひずみによって、本溶接がうまくできなくなる。

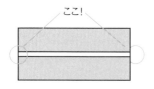

ここ!

対角で!

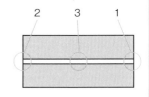

2　3　1

仮止めの実例（被覆アーク溶接の場合）

STEP 1 片側を止める

2つの板を溶接する際は、まず片側の端を仮止め。最初の仮止めでしっかりと金属を溶け込ませておく。

STEP 2 逆側を止める

次に逆側の端を仮止めする。その際、接続した側面にひずみが生じていないかもチェックしておく。

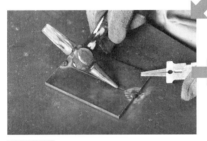

STEP 3 スラグを除去

両端を仮止めした段階で、溶接部に発生したスラグを取り除く。きちんと溶け込んでいるかもチェックする。

STEP 4 磨く

本溶接に入る前に、スラグやスパッタなどのカスが残らないように、ブラシなどでしっかり磨いておく。

STEP 5 本溶接

4つの工程を終えたら、本溶接。仮止めした部分の上から溶接を開始して、逆側の仮止め部分で溶接を終える。

溶接する部分が長い場合は一定の間隔で中間部分も仮止めします。そのときも両端から始めて、最後に中間部分を仮止めします。

溶接ミスのもとになる鉄のひずみ方を知る

溶接の弱点であり最大の敵でもある「ひずみ」。材料にひずみが生じる理由を知って、適切に対処しましょう。

ひずみが起こるのは金属の性質

　溶接にはいくつかの弱点がありますが、なかでも大敵なのが「ひずみ」です。鋼をはじめとする金属は温度が上がると膨張し、固体から液体に状態変化すると、さらに膨張するという性質をもっています。固体のときには分子が整列した状態になっていますが、液体になると分子が動き回るようになるためです。

　溶接では約2000℃以上の高温で金属を溶かし、その時点で母材の溶接部はかなり膨張しています。いっぽう、溶接していない部分は膨張せずに固体のままなので、溶接部が冷えるとそこだけ収縮して、周囲を引っ張ってひずみが生じ変形してしまうのです。また、変形しなかったとしても母材のなかでは引っ張る力が生じており、この力を残留応力と呼びます。

　代表的なひずみは下図に示した3つです。熱による膨張と収縮によって母材がひずみ、そのひずみ方によって変形を生じてしまうのです。

 溶接ひずみによる変形のおもな例

角変形

溶接をした部分を中心に母材が逆側に反り返るひずみのこと。

横収縮変形

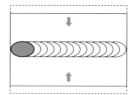

溶接部から直角方向に母材が縮むひずみ。縦収縮より変形が大きい。

縦収縮変形

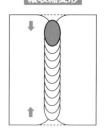

溶接部と平行に収縮する。ひずみは小さいので問題になることは少ない。

変形した鉄の直し方

ハンマーで叩いて修正する

縦収縮や横収縮が起きた場合、まだ熱が下がらないうちにハンマーで叩くとひずみを抑えられる。たとえば、仮止めで少しひずんでしまった場合などに効果的。

万力で逆側へ押える

角変形に有効な修正法。ただし、あまり強く押えすぎると溶接部が割れてしまう可能性もあるので注意が必要。熱が冷めきらないうちに行うのがポイントだ。

ひずんでしまう前に考えておきたい予防策

金属が一度変形してしまうと、直すのには時間と手間がかかります。簡単にできる方法を上図に示しましたが、大きく変形してしまった場合はこれらの方法でも完全な修復はできません。

そこで、大切なのがひずみを抑えることです。古典的な方法に「逆ひずみ法」があります。これはあらかじめひずみが生じる量を予測して、その逆方向に変形させておいてから溶接する方法です。仕上がりの精度を高めるには、変形する量を予測しなくてはならないため、ある程度の経験が必要になります。

初心者でもできる対策は仮止めです。仮止めをしっかり行うことでひずみの発生を軽減できます。ただ、仮止めでひずみそのものを防ぐことはできないので、ひずんだら叩いて修正するなどの方法と組み合わせましょう。

そのほか、母材の下に熱伝導率がよい銅板や鋼板を敷いて、熱を逃がしながら溶接する方法も有効です。

金属同士をつける 溶接継手を知る

母材を接合する際の「継手」を覚えておくのは重要です。
まずは突き合わせ継手を覚えましょう。

どうやって母材を組み合わせるかを表す継手

　2つの金属をつなぎ合わせる際の、接合面の形状を継手（つぎて）と呼びます。それぞれ接合状態によって、「突き合わせ継手」「十字継手」「T継手」「角継手」（かど）「当て金継手」（あ）「重ね継手」などに分類されます。

　こうした継手を溶接する手法を「突き合わせ溶接」「すみ肉溶接」「せん溶接」といいます。各継手と溶接手法の適合性を表したのが下の表です。

　まずマスターしたいのは突き合わせ継手、十字継手やT継手、角継手です。なお、角継手は角溶接とも呼ばれています。

基礎知識　溶接継手のおもな種類

	突き合わせ継手	十字継手 T継手	角継手（かど）	当て金継手（あ がね）	重ね継手
突き合わせ溶接					
すみ肉溶接					
せん溶接					

78

初歩的でもっとも基本となる突き合わせ溶接。
2枚の板の側面を接合している。

水平すみ肉溶接と呼ばれる基本作業。T型に
直行する2枚の板を接合している。

突き合わせ溶接とすみ肉溶接

　アーク溶接で行う母材の接合法にはさまざまありますが、実際によく使用するのは突き合わせ溶接とすみ肉溶接です。

　突き合わせ溶接は、2つの板の側面を突き合わせて接合します。いっぽう、すみ肉溶接は2つの母材を直角に配置したり、2枚を重ねた状態で接合する場合に使われる溶接法です。この2つを組み合わせることで、さまざまな形状のものを制作することができます。

継手によって溶接のコツが異なる

　突き合わせ溶接の方法はシンプルですが、すみ肉溶接はアークの狙い位置を変えるなど、溶接は継手によって異なるコツが必要になります。

　たとえば、突き合わせ溶接の場合は、側面と側面を溶接するので、高い強度が得られやすいとされています。トーチやホルダの動かし方は、ストリンガビードでもウィービングビードでも構いません。

　いっぽう、直角に母材が組み合わさっているすみ肉溶接では、平面ではなく立体的に溶接する必要があります。くわしいコツは後述しますが、溶接したいラインに対して、1～2mmほど下側の母材を狙って、溶融プールができたら下側から上側に動かしていく動作が必要になります。そのため、基本的にはウィービングビードを用いることが多くなります。このように、継手によって溶接のやり方が異なることも頭に入れておきましょう。

角度と溶け込みを意識し開先をうまく溶接する

厚板の溶接時に求められる開先溶接のテクニック。母材の溶け込みを意識できるかがポイントになります。

開先溶接のポイントは角度と面積

　高い強度を求める場合、板厚分すべてを溶かして溶接する「完全溶け込み溶接」を行います。その際、必要な溶け込みを得るために、2つの母材の形状を工夫しなければなりません。こうして加工した溝部分を「開先」と呼びます。開先は加工業者に依頼できますが、ディスクグラインダーなどを使って自分で加工することもできます。その際、重要になるのが開先角度です。

　下図にあるように、開先角度とは2つの開先加工をした母材を突き合わせたときに生じる角度をいいます。この角度が大きければ大きいほど、必要な溶け込みを確保しやすくなります。しかし、溶着金属が多くなることから溶接効率が悪く、ひずみや変形につながります。そのため、必要な溶け込みを得られる適度な角度をつくることが大切です。

　また、開先と開先との間隔（ルート間隔）が広すぎると母材が溶け落ちやすく、狭すぎると溶け込みが甘くなります。いっぽう、ルート面（開先部の垂直面）は大きすぎると溶け込みが甘くなり、小さすぎると溶け落ちてしまう可能性が高くなります。開先加工では角度とルート面の大きさに気をつけましょう。

基礎知識 開先の形状と各部の名称

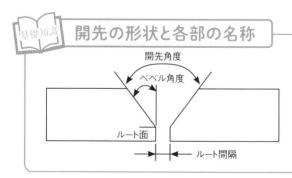

開先角度
ベベル角度
ルート面
ルート間隔

　開先角度は溶接の溝全体にできる角度で、ベベル角度は材料（厚い板）の垂線からの角度を指す。

　片方の材料にだけ開先加工を施した場合などは、「開先角度＝ベベル角度」となる。

開先の角度と溶け込み具合

開先角度が小さい

⬇

溶接初層部（最下部）の
溶け込み不良が起きやすい

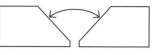

開先角度が大きい

⬇

溶接初層部が溶け落ちやすい

開先角度を決める目安は60〜90度

　開先角度は60〜90度が適切といわれています。また、一般的に用いられる形状はV型です。開先角度は小さくなればなるほど、溶接の難易度も上がります。急角度だと溶接中にスラグを巻き込んだり、母材が見えにくく、溶け込みを確認しにくくなるからです。

　溶接棒やワイヤなどが母材に溶け込む溶着量はできるだけ少ないほうがよいとされています。溶着量が少なければ、ひずみが少なくなるうえに、使用するガスや溶接棒が少量で済むので、作業効率が向上するためです。開先の角度やルート面の厚みなどは、施工のバランスを考えて決めましょう。

さまざまな開先形状の種類

板厚が薄いものと厚いものとでは採用する開先の形状が異なる。

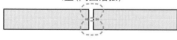

I型（両面溶接）

片面だけでは溶け込みが不十分な場合
は裏面も溶接する。

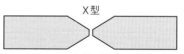

X型

開先の加工が非常に難しい。ただし金
属の変形は少ない。

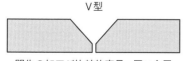

V型

開先の加工が比較的容易。厚い金属
では変形しやすい。

レ型

開先加工は比較的容易。溶接の難易
度はV型と大きく変わらない。

ココが重要！ 開先部分を溶接する基本の手順

開先の溶接では、多層溶接のテクニックが必要になります。ここでは被覆アーク溶接法を用いてそのコツを解説していきます。層によって棒の動きを使い分けるのがポイントです。

STEP 1

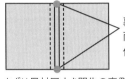

裏面から
両端部を
仮止めする

まずは母材同士を開先の裏側から両端を仮止めしておく。

STEP 2

ストリンガービード

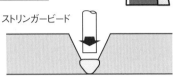

初層部から2層目まではルート面の裏側まで溶け込むように、ストリンガービードでまっすぐ棒を動かす。

STEP 3

ウィービングビード

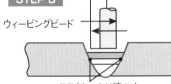

ここをしっかり溶かす

3層目からは棒を横に振るウィービングビードで平らになるように心がける。

STEP 4

ウィービングビード

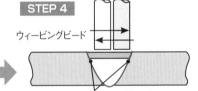

ここをしっかり溶かす

最終溶接の前段階では、開先場所を見失わないように母材から0.5〜1mmほど、へりを残しておく。

STEP 5

ウィービングビード

1〜1.5mm　　1〜1.5mm

最後に残しておいたへりを十分溶かすようにウィービングビードで溶接する。

実際のV型開先。7mm以上の板では開先を用いて溶接するのが基本。

開先は層を分けて溶接する！

　開先を溶接するときは、多層溶接というテクニックを用います。これは厚板を溶接する際、同じ部分を何層かに分けて溶接していく方法です。最初に行うのが溶接部分の最下層（最奥部）に当たる初層溶接で、その後に2層、3層と続きますが、それぞれの層で溶接のコツがあります。

　初層溶接は仮止めをした部分からアークを発生させます。仮止め部分ではアーク長を短くしながら、少しだけ棒を左右に振って、2つの母材を付け合わせるように溶接棒を動かします。溶接棒は進行方向に10〜20度ほど傾けるとよいでしょう。その後、直線状に棒を動かすストリンガービードでまっすぐ溶接していきます。アーク長は短めを意識してしっかりと溶け込ませます。その際、溶け落ちそうになったら、溶接棒を素早く進行方向に傾けて調節しましょう。初層溶接は、不具合が起こしやすく、裏側まで適切な溶け込みを得られるかが重要です。

　2層目を溶接する前に、初層溶接で発生したスラグを除去して十分に磨いておきましょう。材料の表面をキレイにしておかないと、残ったスラグを巻き込んでしまい、溶接不具合を起こしかねません。また、溶接棒の角度は初層溶接と同じ10〜20度ほど。なるべくビードが平らになるように気をつけながら、ストリンガービードで溶接していきます。

　3層目では、母材表面から1mm程度低くなるようにウィービングビードで溶接していくのがポイントです。仕上げとなる最終層では、母材をまたぐように少し振り幅を大きくして溶接していきます。このように、何層かに分けて溶接することで、厚い板でも完全溶け込み溶接ができて十分な強度が得られます。

知っておくと便利！　開先を溶接する際に役立つ拘束ジグ

　ジグは治具とも書き、溶接する前に母材を押さえておく器具をいう。ジグには、あらかじめ押さえておいてから溶接することで、ひずみの発生を抑制するはたらきがある。

　開先を溶接する際は、ひずみが生じやすいので拘束ジグという特殊な器具を使って行う場合もある。一般には、クランプ型で作業台に押さえるタイプなどが販売されている。

熱を分散させるため
溶接順序を考える

ひずみを抑える「溶接順序」は、母材の熱を分散させるように、溶接の順番をコントロールする方法です。

ひずみを防ぐために溶接の順番を工夫する

　金属は溶接をした部分からひずみを生じます。そのまま何も考えずに溶接した場合、熱が次々と伝わり、ひずみが大きくなることがあります。材料が大きいほど熱はとどまらないので変形はしにくいですが、それでもたとえば5mの材料で5mm以上短くなることもあります。当然ながら変形してしまうと、その後の材料の組み合わせに悪影響を及ぼします。

　そこで、熱が1カ所に集中しないよう溶接の順番をコントロールすることでひずみを避ける方法があります。これを一般的に「溶接順序」と呼びます。たとえば、片方の溶接が終了したら、反対側を溶接して熱を均等に逃したり、ひずむ方向を意識して進行方向とは反対方向に溶接する方法などがあります。

　溶接順序をあらかじめ決めるのは熟練していないと難しいものの、一度最適な方法を見つけると、その後は溶接順序の手順を考えられるようになります。溶接する時間が少し長くなるときは、熱が集中しすぎない順序を意識して溶接していく必要があります。

溶接の熱を逃がす方法あれこれ

　溶接順序のほかにも、溶接の熱が集中しないように母材の熱を逃がす方法がある。それが、熱伝導率が高い「銅板」や「鋼板（こうばん）」を、母材の下にあらかじめ敷いておいて熱を逃がすというもの。銅板に水をかけて冷却する場合もある。

　また、マグ溶接やティグ溶接の場合、溶接後にトーチを離してもしばらくシールドガスが出続けるしくみになっている（アフターフロー期間、p162参照）。このガスを利用して、母材を冷却することもできる。

溶接順序の代表的な方法

　溶接順序の代表的な例が下図の3つです。これは全体的な溶接の進行方法に対して、部分的に順番を変えて溶接をしていく方法です。いずれも溶接の際に生じる熱が1カ所に集中しないよう、連続せずに、部分的に溶接していきます。

　これらの溶接順序には、それぞれ特徴があります。たとえば、横収縮を起こしてしまうときは「対称法」、縦収縮を防ぐためには「バックステップ法」や「飛石法」などが用いられます。

　溶接順序は設計とは関係なく、金属のひずみを軽減するためのもの。それぞれの方法をあらかじめ知っておくと便利です。

 母材をつなぎ合わせる順序

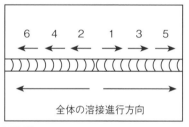

対称法
進行する溶接のラインに対して直角に金属がひずんでしまう横収縮の際に用いられる方法。中央部分から対称的に溶接していく。

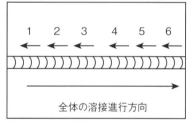

バックステップ法
横収縮に加えて、溶接のラインに対して並行に金属がひずんでしまう縦収縮にも対応する溶接順序。

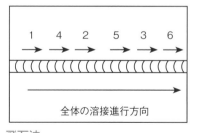

飛石法
バックステップ法と同様に、横収縮と縦収縮の両方に対応。進行方向とは逆に溶接していく。

溶接順序は金属のひずみ方によっても使い方が異なります。どんなひずみが起きそうかの見極めがポイントです。

前進法と後進法
動かす方向で異なるコツ

溶接方向に対して、前進するか後進するかによって溶け込み度合いが変わることもあり、その使い分けは大切です。

前進法と後進法の基本動作

溶接する進行方向に対して、ホルダやトーチをどの方向に傾けるかで前進法と後進法とに分類されます。前進法は進行方向に対して反対側に傾ける方法で、後進法は進行方向に傾ける方法を指します。

たとえば、右利きの場合だと前進法は溶接する方向に向かって右から左へと移動します。後進法はその逆で、左から右に溶接棒を移動する方法です。

溶接法に合わせて使い分けよう！

被覆アーク溶接法では、特殊なケースを除いては後進法が推奨されます。被覆アーク溶接法はスパッタやスラグが発生するため、前進法だとスラグ巻き込みといった不具合を生じやすいからです。

マグ溶接は、いずれの方法も使用できます。前進法は溶接を行う溶融プールのルートが見えやすくなるいっぽうで、形成されていくビードが見えづらくなります。後進法はその逆で、溶接を行うルートが見えにくいものの、溶け込みが深く、幅の狭いビードになりやすいといった特徴があります。また、プロの溶接工は各自が使いやすい方法を使っていますが、形状や溶接の姿勢などによって前進法と後進法を使い分ける方もいます。

いっぽうティグ溶接では、前進法を用いるのが一般的です。後進法を用いることもできますが、溶接のしやすさから前進法が親しまれています。

このように、溶接方法に合わせて、推奨される棒の基本動作は異なります。自身がもっている溶接機で可能な溶接方法に応じた進め方をマスターすることが大切です。とくにマグ溶接を多く活用する人は、前進法と後進法での溶融プールの見え方の違いに慣れておくとよいでしょう。

方法により溶け込みの深さにも特徴がある

　前進法と後進法では母材の溶け込み方にも違いが生じます（下図参照）。前進法は、アークの吹き付けが溶融プールの前方に向かって作用します。そのため、溶けた金属が前方に押し広げられ、結果として余盛りが低くなり、幅の広がったビードになり、溶け込み深さは浅くなる傾向があります。

　いっぽう後進法では、アークの吹き付けが溶融プールの後方に向かって作用します。すると、溶けた金属が溶融プールの後方に押し上げられ、余盛りが高く、幅の狭いビードとなり、溶け込みは深くなります。

　マグ溶接やティグ溶接で使用される前進法ですが、トーチの傾斜角度も溶け込みに影響があります。前進法ではトーチを傾ける角度が大きくなればなるほど、溶け込みの深さが浅くなる傾向にあります。そのため、前進法を使う際には、トーチの傾斜角度を一定に保つことが大切になります。逆に後進法は、あまり傾斜角度の影響を受けません。

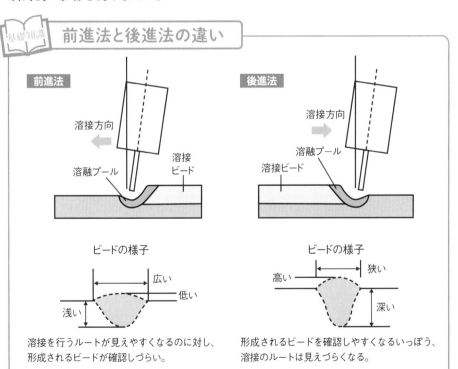

基礎知識 **前進法と後進法の違い**

前進法

溶接方向

溶融プール　溶接ビード

ビードの様子

広い　低い　浅い

溶接を行うルートが見えやすくなるのに対し、形成されるビードが確認しづらい。

後進法

溶接方向

溶接ビード　溶融プール

ビードの様子

高い　狭い　深い

形成されるビードを確認しやすくなるいっぽう、溶接のルートは見えづらくなる。

溶け込みを左右する 電流・電圧の基本設定

chapter 2-18

電流と電圧の設定値は、溶接の溶け込みに大きな影響を与えます。その特性を知って、適正な値を探りましょう。

溶接電流が高いと溶接材料が溶けやすくなる

溶接の溶け込みに影響を与える要因に、溶接電圧と溶接電流があります。溶接電圧は溶接棒やワイヤなどの溶接材料を溶かす力で、溶接電流はワイヤを送るスピードととらえれば、イメージしやすいでしょう。

溶接電流が高くなると溶接材料が溶ける速度が速くなり、母材に溶着する量が増えます。それに比例して母材への溶け込みが深くなり、余盛りも高くなります。また、溶接電流はワイヤを送る力でもあるので、ワイヤが細ければ細いほど電流の影響によって溶けやすくなります。ちなみに、マグ溶接の場合は、ソリッドワイヤよりもフラックス入りワイヤのほうが調整しやすい傾向があります。

基礎知識 電流・電圧・速度と溶け込みの関係

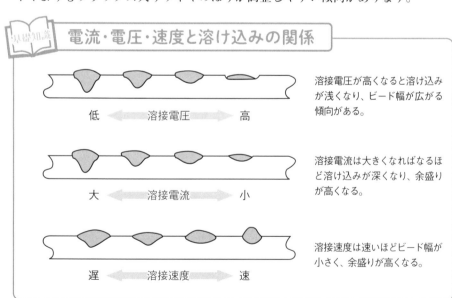

低 ← 溶接電圧 → 高

溶接電圧が高くなると溶け込みが浅くなり、ビード幅が広がる傾向がある。

大 ← 溶接電流 → 小

溶接電流は大きくなればなるほど溶け込みが深くなり、余盛りが高くなる。

遅 ← 溶接速度 → 速

溶接速度は速いほどビード幅が小さく、余盛りが高くなる。

電流値の見方（マグ溶接機の場合）

表示されている数値の左側（A）が電流値で、右側（V）が電圧値を示している。

この機種では電流値と電圧値をそれぞれ操作できるが、電流値のみしか操作できないタイプもある。

電圧はアーク長と密接に関係している

　近年の溶接機は、電流・電圧の調整が一元化されており、基本的には電流値の調整だけで溶接が可能です。ただ、個別に調節が必要な場合は、電流と電圧のバランスを適正に保たなくてはなりません。

　ここで電圧について整理しておきましょう。厳密には溶接電圧とアーク電圧があります。溶接電圧とは、溶接機で設定する出力電圧を指すのに対し、アーク電圧は、アークが発生している電極間にかかる実際の電圧を指します。

　これらはアーク長やビード幅と深い関係にあります。溶接電圧を高く設定すればアーク電圧も高くなり、アーク長は長く、ビード幅は広くなります。

　逆に溶接電圧を低く設定すると、アーク電圧も低くなり、アーク長は短く、ビード幅は狭くなります。

　電圧が低くアーク長が短いと、溶融プールのなかに入れたワイヤが溶けないまま、ワイヤがプールの底（母材）に当たってしまうことがあります。電圧が高くアーク長が長い場合は、ワイヤの先端が溶融プールに入る前にアークの熱で溶けてしまい、溶滴となって落ちてしまう傾向にあります。

　また、金属の材質や厚みによっても溶け込み方が変わるので、その都度電流や電圧を適正な数値に合わせなくてはなりません。母材と同じ材質と厚みの不要な板を用意して、数値を測り、適正なビードが引けたときには、その数値をメモしておくとよいでしょう。

クレータを処理して美しく仕上げる

溶接の終点にできてしまうのがクレータ。この処理を誤ると割れが生じる場合もあり注意が必要です。

溶接法によって異なるクレータ処理

溶接の終了地点でアークを切って単純に溶接を終えるとくぼみを生じます。これをクレータと呼びます。クレータ部は処理をしないと余盛りの高さが不足してしまいます。

被覆アーク溶接では、クレータ部分で溶接棒を何度か回して切るといった処理の方法があります。これはビードの肉厚の不足を補うため、溶接棒の溶着金属をクレータ部分に供給する意味があります。そのほか、右ページ上で紹介しているアーク断続法も被覆アーク溶接特有のクレータ処理方法です。

いっぽう、マグ溶接では溶接機にクレータ処理機能がついていることがあります。その場合、トーチのスイッチを切り替えるだけでクレータ処理がしやすくなるので便利です。

ティグ溶接にも同様の機能がついており、トーチスイッチのオンオフでクレータ処理をしやすくなります。

基礎知識

見た目で異なるクレーター処理の有無

クレータ処理なし

クレータ処理をしないと、ビードがくぼんだ状態になる。

クレータ

クレータ処理あり

適切なクレータ処理をすると、ビードが同じ高さに整う。

知っておきたいクレータ処理の技

おすすめのクレータ処理方法はアーク断続法（だんぞくほう）です。下の写真は、被覆アーク溶接法でのやり方。溶接棒が終端部まできたら、一度溶接棒を上に引き上げてアークを切り、再度アークを起こします。

これを数回繰り返してビードを盛り上げれば処理は完了です。

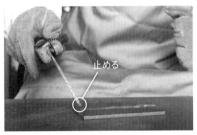
①終端部にきたら、いったん動きを止める。

②手首をひねって溶接棒を上に引き上げる。

クレータ特有の溶接不具合を生じやすい

クレータは、溶接終了時のアークの圧力によって、溶けている金属が表面張力などで引き寄せられてから冷却、凝固することから発生します。その際、溶けていた金属の内部にあったガス成分が放出されたり、溶着金属の内部に留まったりすることで、ブローホールと呼ばれる小さい穴を形成することがあります。これが生じやすいのは、溶接したときの温度が低く冷却する速度が早い場合や、ガスの発生源が多いときです。

ブローホールは、ほかの溶接部に生じることもありますが、クレータだけに生じている場合は、処理の方法が誤っているか、使用している溶接材料に問題があると考えられます。

また、クレータに割れが生じたときは、クレータ処理時の電流が低すぎたり、不純物が混じったりしていた可能性があります。薄い母材の場合は修正が難しくなるので、事前に電流値や不純物などをチェックしておくことが大切です。

クレータ処理は、いうまでもなくビードを美しく仕上げる重要な要素です。適切な処理ができるように練習しましょう。

飛び散るスパッタは
熱いうちに取り除く

溶接時に飛散し、仕上がりを汚くしてしまうスパッタ。完全に溶着する前に早めの除去が基本です。

被覆アークとマグ溶接では注意したいスパッタの処理

　スパッタとは、アーク溶接中に飛散する溶融金属の微小粒子のことで、バチバチという音とともに母材などに飛び散ります。スパッタが発生する原因には、おもに以下の4つが挙げられます。
　①溶融プールからの気泡の放出。
　②ワイヤの先端（溶接材料）などからのガスの発生。
　③アークを再び起動した際に溶接金属が発散する。
　④アークの反発力で押し上げられた溶滴の飛散。
　溶滴とは、溶接棒やワイヤが溶けて滴状になったものです。こうして発生したスパッタは、トーチのノズルに付着してシールドガスの流れを阻害したり、母材に付着して手直し工数を増やしたり、溶接欠陥の原因になります。母材に溶着してそのまま冷めてしまった場合、スパッタを除去するのに手間がかかるので、スパッタの発生を抑えることも仕上がりの出来には重要です。

スパッタは想像以上に飛散する！

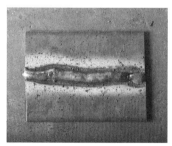

　左の写真は、スパッタの発生量が多い被覆アーク溶接を行った直後の様子。溶接したビードの周囲に飛び散っているツブツブがスパッタで、それは想像以上に飛散することがある。
　なかには作業中に衣服へ燃え移ってしまう危険性もあり、溶接時には注意が必要だ。

スパッタ除去は手作業で時間がかかる

　一度付着したスパッタを取り除くためには、まだ熱が冷めきっていないうちに溶接チッピングハンマーやタガネといった道具を使って早めに除去することが大切です。溶接においてスパッタを取るこの作業は、ケレンとも呼ばれますが、一般的には外装の塗装の際に、塗装前のさび落とし作業を指します。その作業を行うときに使うのが「ケレン棒」です。これは必ずしも溶接用ではありませんが、被覆アークの場合には、スパッタが大量に発生するため、先端がヘラのようになっているケレン棒を用意しておくと便利でしょう。

　基本的にスパッタを除去する作業はすべて手作業です。見た目を重視して仕上げなくてはならない部分の場合、溶接よりも時間がかかることもあります。

　そこで活用したいのがスパッタ付着防止剤です。この製品を、溶接前に母材へ散布しておくだけでスパッタの付着を防止できます。

　なお、マグ溶接であれば、使用するワイヤにフラックス入りワイヤを選ぶことでスパッタの発生量を抑えられます。

ケレン棒

知っておくと便利！ **スパッタ付着防止剤でキレイに仕上げる**

　スパッタ付着防止剤には、母材に使用するものと溶接トーチに使用するものの2種類ある。

　母材の場合は軟鋼用やステンレス用など、母材の種類によっても異なり、用途を間違えると、効果が薄くなるので注意。

　スパッタが付着するのを防止するだけでなく、付着したスパッタを除去しやすくする効果もあるため、見た目の仕上がりをキレイにするなら用意しておきたいアイテムだ。

スプレータイプのスパッタ付着防止剤。

ビードを引いたら
まずはスラグを除去！

溶接不具合の原因になり、厄介者扱いされるスラグです
が、大気中の酸素や窒素の混入を防ぐ役割もあります。

除去される運命のスラグだが有用な一面も

　被覆アーク溶接のほか、フラックス入りワイヤを使ったマグ溶接（半自動溶接）で発生するのがスラグです。金属から分離して出る酸化物で、スラグ巻き込みという不具合を生じる厄介者として知られています。

　溶接作業によって溶けて高温になった金属は、気体を吸収しやすくなります。ところが、その気体は溶接金属が固まる際に気孔をつくったり、溶融金属中の元素と反応して化合物として残留し、溶接金属の性能に悪影響を及ぼす場合があります。そのため、こうした気体、とくに酸素を溶融金属から除去するために被覆剤やフラックス入りワイヤが用いられます。それらには、酸素を除去する成分（脱酸剤）が含まれていて、その結果、溶融金属の表面にスラグとなって浮上してくるわけです。

　つまり、スラグはおもに酸化物であり、溶融金属中の酸素を除去するはたらきがあります。同時に、大気中の酸素や窒素が溶融金属のなかに入り込まないようにする役目もあるので、スラグはなくてはならない存在でもあるのです。

基礎知識　どうしてスラグは出る？

被覆アーク溶接における被覆剤やマグ溶接で発生したシールドガス中の二酸化炭素は、高温によって分解されて酸素を生成する。この酸素が、溶接棒やワイヤといった、溶接材料に含まれているケイ素やマンガンなどの脱酸剤と化学反応を起こす。その結果、酸化物であるスラグが形成され、溶融金属の表面に浮き上がってくる。

用意するもの

①溶接チッピングハンマー
おもにスラグを除去する道具。
母材の表面をすべらせるよう
にして使用する。

②溶接用プライヤー
母材を押さえるために使用。
一般的なペンチでもOK。

③ワイヤーブラシ
母材を磨くためのワイヤー製
ブラシ。

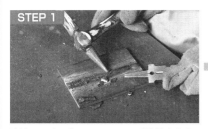

STEP 1

溶接チッピングハンマーでスラグを除去する。
ビードの表面を傷つけないように要注意。

STEP 2

ある程度スラグを除去したら、ビードの表面と
周囲をワイヤーブラシで磨く。

除去を怠ると溶接不具合を生じやすい

　スラグが原因で生じる溶接不具合が、スラグ巻き込みという現象です。これは、スラグが溶融金属内から浮上せず、溶接金属中に残ったものを指します。

　スラグ巻き込みが起きやすいのは、前の工程でスラグを十分に除去していなかった場合や、多層溶接の際に下の層のビードが溶かしきれず融合不良が起こったときです。また、溶接プールより先にスラグが進んでしまうと、溶融金属内にスラグを押し込み巻き込んでしまうこともあります。そのためにも、スラグが溶融プールに到達しないようにアーク長を近づける（スラグの先行をさける）というテクニックが求められます。とはいえ、まずはスラグを丁寧に除去することからです。スラグ除去ならテクニックの必要はなく、初心者でも気をつけさえすればできることです。溶接が終わったらスラグを除去することを習慣づけましょう。

宮本先生がコツを伝授！

溶接の基礎練習法

まずは溶接の基本、「突き合わせ溶接」「水平すみ肉溶接」「角溶接（角継手）」という3パターンの溶接技術を身につけましょう！

突き合わせ溶接

理想形

まっすぐ引けるかが
ポイント！

突き合わせは、2つの板の中心部分を狙ってブレずに直線的にビードを引けるかがポイント。

コツ

① 少しずつつなぐ

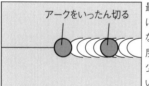

アークをいったん切る

最初から一気にビードを引かない。30mm程度から始めて、少しずつつないでいく。

② 中心を狙う

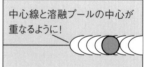

中心線と溶融プールの中心が重なるように！

2つの板の中心から、溶融プールがズレないよう確認しながらビードを引く。

練習の
ポイント

☐ うまくビードを引けたときの電流値をメモしておく

☐ ブレてしまいそうになったらアークを切る

☐ 中心線を狙えるように溶融プールが見える姿勢をつくる

水平すみ肉溶接

理想形

下側の板から狙うのがポイント!
水平すみ肉のポイントは、下の母材から上の母材に溶融プールを運ぶように意識すること。

下の母材から上の母材に溶融プールを押し上げる

母材の接合面から1〜2mmほど下側の母材をねらってアークを起動し、溶融プールができたら上側の母材に押し上げるイメージで行う。

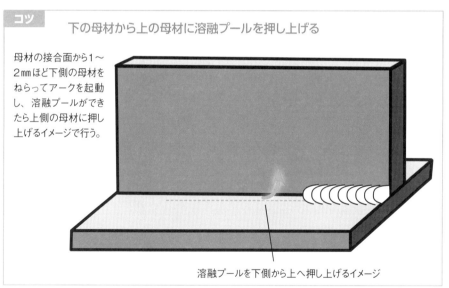

溶融プールを下側から上へ押し上げるイメージ

練習のポイント

- ☐ うまくビードを引けたときの電流値をメモしておく
- ☐ 下側のどのぐらいを狙ったらうまくいくのかを探る
- ☐ 溶融プールが崩れないように運ぶことを意識する

角溶接（角継手）

最初は電流値を低めに設定

角溶接は、母材同士が接している面が小さいので、電流が高すぎるとすぐに溶け落ちてしまう。まずは低めの電流値から溶接を始める。

コツ　ウィービングを均等に！

2つの母材同士を往来するようなイメージでワイヤを運ぶ

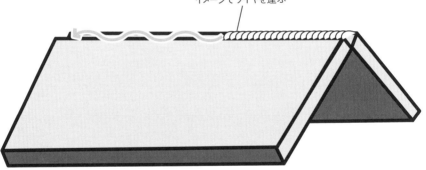

角溶接は中心線ばかりを狙うのではなく、ウィービング法でビードを引くのが基本。
そのため、均等にウィービングできるかを常に確認しながら練習するとよい。

練習のポイント

- ☐ うまくビードを引けたときの電流値をメモしておく
- ☐ 低めの電流値から5～10Aずつ上げていく
- ☐ ウィービングの動きが均等になるよう練習する

応用練習

厚みが異なる母材の練習にチャレンジ！

厚板＝6mm、
薄い角材＝1.5mm

電流値は
厚い板に合わせて設定する！

厚みが異なる母材をつなぐ練習では、常に「厚いほうから薄いほうへ」と意識することがポイント。電流値の設定は厚い母材に合わせて設定し、薄い母材は溶け込ませすぎないよう注意する。

STEP1　仮止め

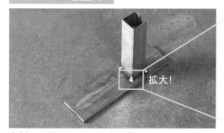

拡大！

角材の四隅をしっかり仮止めする。

厚板をしっかり仮止め

拡大するとわかるように、厚板のほうを多めに盛る。

STEP2　本溶接

厚い母材から薄い母材へと引き上げるイメージで！

水平すみ肉のときと同じ要領で、「厚いほうから薄いほうへ」を意識しながらワイヤ（棒）を動かす。

穴が開いたら……

電流値を厚板に合わせているので、薄いほうは穴が開きやすい。穴をふさぐときは、薄い板のほうに合わせて電流値を下げる。

初心者は受講すべき?
アーク溶接の特別教育

　アーク溶接を業務として行う技能者に向けた資格に「アーク溶接特別教育」があります。DIYで行う際に必ずしも受講する必要はありませんが、機器の取り扱いや安全対策まで幅広く学ぶことができます。

　講習内容は「溶接に関する知識（1時間）」「溶接装置の知識（3時間）」「溶接作業の知識（6時間）」「関係法令（1時間）」という学科講習のほか、実技講習が10時間ほどあります。学科のみであれば約2日、実技も含めると3日ほどで修了します。

　各都道府県の民間企業や公的機関で実施しており、受講する場所によって金額が異なります。たとえば、労働技能講習協会では、学科と実技の両方の講習を合わせて1万8700円。そのほかの機関でも、およそ1万5000～2万5000円程度で受講できます。この講習を終えるともらえる修了証には期限がなく、ほかの溶接資格を取得する際にも役立ちます。

　DIYレベルの溶接にとどまるという方でも、この講習を受けることによって、実技の基本を学ぶことができます。経験者からは「実技講習の際に、ちょっとしたコツやテクニックを聞くこともできる」という声も届いています。講習会場によっても差はあるでしょうが、有益な知識や技術を学べることに違いはありません。

第**3**章

すべてを手作業で行う
被覆アーク溶接

すべて手で操作する 被覆アーク溶接法

風に強く屋外での作業に最適の被覆アーク溶接のメリット、デメリット、しくみを理解しましょう。

溶接部分を発生したガスで覆い、風にも強い

被覆アーク溶接法は、戦時中から使われているスタンダードな溶接法です。原則的にすべての作業を手で行うため、一般的には「手溶接」や「手棒」などと呼ばれています。

使用するのは被覆アーク溶接棒という専用の電極棒で、金属の棒（心線）にフラックス（被覆剤）と呼ばれるコーディングがほどこされています。右図で示したように、心線と母材の間に電流を流し、アークを発生させて、その熱によって母材と心線を溶かして溶接を行います。その際、心線の周囲に塗られた被覆剤が溶けてガスやスラグとなり、溶けた金属を保護します。ここで発生したガスはシールドガスと呼びます。ガスなどでアークを覆うため、風などにも比較的強い溶接法です。

被覆アーク溶接のメリット・デメリット

溶接機本体は比較的安価なものが多く、構造がシンプルなため保守・点検が容易にできるというメリットがあります。交流と直流の2種類があります。直流電源は交流電源に比べて、アークの安定性が高いことが特徴。交流と直流を切り替えられる汎用タイプもあります。

いっぽう、被覆アーク溶接はマグ溶接に比べて「溶け込みが浅く、速度が遅い」というデメリットがあります。被覆アーク溶接では、溶接棒の心線に大きな電流を流すと被覆剤が焼け落ちてしまうので、使用できる電流の範囲が小さくなってしまうのです。そのため、溶け込みが浅く、速度が遅くなります。

さらに、「手溶接」と呼ばれるように、母材と溶接棒の高さやホルダの動かし方など自分で調整しなければならず、一定レベルの技術が求められます。

102

被覆アーク溶接のしくみ

被覆アーク溶接の基本的な原理

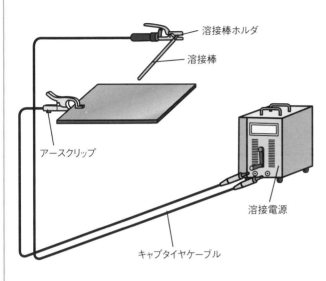

溶接棒ホルダ

溶接棒

アースクリップ

溶接電源

キャプタイヤケーブル

被覆アーク溶接機は電源からケーブル、ホルダをつなぐだけのシンプルな構造をしている。電源には交流と直流がある。

母材にアースクリップをつけて電源からの電流を通電させて溶接する。

溶接棒の構造

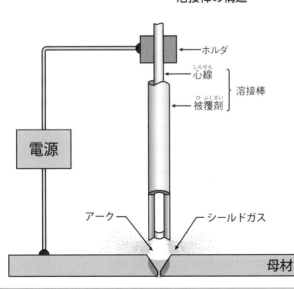

ホルダ

心線（しんせん）

被覆剤（ひふくざい）

溶接棒

電源

アーク

シールドガス

母材

母材と溶接棒がアークの熱によって溶けて、溶着していく。被覆剤は熱に反応してシールドガスになり、溶接部を守る役割を果たす。

溶接棒がどんどん溶けていくので、手の感覚でアーク長を一定に保たなければならない。

被覆アークの実践 ①
溶接前の準備

溶接を始める前に溶接機のセッティングをチェック。ケーブルの太さや溶接棒の取り付け方に注意が必要です。

電流と長さに応じてケーブルの太さを選ぶ

　被覆アーク溶接機は構造はシンプルですが、設置時にいくつかのポイントがあります。まず、使用する溶接ケーブルは、丈夫で柔軟なキャブタイヤケーブルが推奨されています。ケーブルの長さや電流の大きさに応じて、ケーブルの太さも考慮しましょう（下表参照）。

　また、溶接ケーブルに損傷などがあると、アークが不安定になるだけでなく、事故や漏電が発生する危険性があります。何らかの損傷がある場合は、ケーブルを交換するか、絶縁テープで補修しましょう。なお、溶接ケーブルはとぐろ巻にすると電圧が降下してアークが不安定になるので気をつけましょう。

　溶接機にはケーブルが取り外せないものもあります。その場合、使用電流に合っているかをまず確認します。万一、損傷があれば絶縁テープで補修します。

 ケーブルの太さを選ぶ基準

ケーブルの長さ・電流値に対応するケーブルの太さ（単位㎟）				
電流（A）	ケーブル長さ			
	40mまで	60mまで	80mまで	100mまで
50	14	14	14 ～ 22	22
100	22	22	30	30 ～ 38
150	22 ～ 30	30 ～ 38	38 ～ 50	50
200	30	38 ～ 50	50 ～ 60	60 ～ 80
250	30 ～ 38	50	60 ～ 80	80
300	30 ～ 38	60	80	80 ～ 100
350	50	60 ～ 80	80 ～ 100	100

左表は、電流値（50～350A）とケーブルの長さ（最長100m）に対応した、ケーブルの太さ（㎟）の基準値を示す。

溶接棒は湿気に弱い！

被覆アーク溶接棒は、心線の周囲にある被覆剤に水分が吸着しやすい性質があります。そのため、高温多湿な場所に放置したり、梱包したまま長期間保管した場合、溶接棒に湿気が含まれてしまいます。

また、溶接棒が湿気を含むとアークの発生が不安定になったり、スパッタが増加したりしてうまく溶接できなくなります。そのため、溶接棒を保管する際は、湿度に注意する必要があります。

使用前のポイントは以下の3つ。

●高温多湿ではない屋内に保管する。

●溶接棒の種類やサイズ等を整理して管理し、古いものから使用する。

●悪天候時の屋外運搬を避けるか、または防水対策をしっかりしてから速やかに運搬する。

溶接棒の保管グッズも販売されているので、それを利用してもよいでしょう。

仮に溶接棒が湿ってしまった場合は、使用前に再度乾燥させる必要があります。溶接棒の種類によって異なりますが、乾燥には70〜350℃の高温が必要となります。そのために、溶接棒乾燥機といった専用の機器をそろえなくてはいけません。自宅で保管する際は、溶接棒が湿気を含まないように注意を払いましょう。

知っておくと
便利！ **溶接棒の具体的な保管例**

溶接棒の専用保管庫は、大敵の湿気を防ぎ、適切に管理してくれるすぐれものだが、価格が高いという点がネックになる。

コストを抑えたいならば、100円均一ショップなどで販売されているパスタケースなどを活用するとよい。溶接棒とともにシリカゲルという乾燥剤を入れておくと、溶接棒をより湿気から守ってくれる。

ただし、パスタケースには業務用の溶接棒は長すぎて保管できないので要注意。自分がもっている溶接棒のサイズを考慮しつつ、「溶接棒に湿度はNG」を意識して保管しよう。

保管専用グッズを使用する。

乾燥剤を入れてケースなどに収納する。

被覆アークの実践 ②
溶接棒の種類を知る

被覆アーク溶接に欠かせないアイテムが溶接棒。用途による種類があり、仕上がり具合にも特徴があります。

成分の違いで分類される溶接棒

被覆アーク溶接で用いられる溶接棒は、被覆剤の成分の違いによって「ライムチタニヤ系」「高酸化チタン系」「低水素系」「イルミナイト系」に大別されます。溶接する形状や溶接姿勢、溶接機との相性などを考慮して、溶接棒を選ぶ必要があります。なお、JIS規格による分類は、溶接棒の商品パッケージに表記されています。

そもそも被覆剤には「アークの集中性と安定性の維持」「大気中から溶融プールへの酸素や窒素の侵入を防ぐ」「スラグを形成して溶接金属を覆いビードの外観をキレイにする」「酸化を防ぎ溶接の質をよくする」といったはたらきがあります。この特性を最大限に生かすため、特徴を知っておくことが大切です。

 被覆剤の種類と特徴(英数字はJIS規格を表す)

被覆剤	おもな特徴
ライムチタニヤ系 (E4303)	アークの吹き付けがソフトでスラグがはがれやすく、作業がしやすい素材。ほかの素材に比べるとやや気孔ができやすい。
高酸化チタン系 (E4132/E4313)	スパッタが少なく、溶け込みが浅いため、外観を重視する溶接に適している。接合部の強度に劣ることがあるので仕上げ用に向く。
低水素系 (E4316H15/E4316UH15)	溶着金属に取り込まれる水素量が少なく、とくに厚板(あついた)の溶接によく用いられる。溶接の始点やビードの継ぎ目にブローホールが発生しやすい。
イルミナイト系 (E4319/E4319U)	ほかの溶接棒に比べてアークの吹き付けが強く、溶け込みが深くなる。安定した溶け込みを得やすいので、家庭用にも適している。

被覆アークの実践 ③
溶接棒の取り付け方

溶接棒の取り付け方は、溶接姿勢などによって異なります。そのポイントとなるのは角度です。

用途によって取り付ける角度が違う

被覆アーク溶接では、溶接棒はホルダに挟んで行います。溶接姿勢などによって角度を付けることもできます。基本形は90度ですが、すみ肉溶接などの場合は45度ぐらいの角度を付けると溶接姿勢が安定します。

 溶接棒を取り付けるコツ

溶接棒を
出さない

基本的な取り付け方
溶接棒はホルダに対して90度に取り付ける。くれぐれも、ホルダから溶接棒がはみ出さないよう注意が必要。後ろ側からもアークが出てしまうためだ。

すみ肉溶接時の取り付け方

一般的な突き合わせ溶接には向かないが、すみ肉溶接の際はこの角度もOK。

上向き溶接時の取り付け方

溶接姿勢が上向きの場合は、直線的にすると溶接姿勢がとりやすい。下向きでは不適切。

被覆アークの実践 ④
溶接機の電源の特徴

溶接機を購入する際に注目したいのが電源の特性。垂下特性電源と定電流特性電源の2つがあります。

2つの特性による溶接電源の違い

被覆アーク溶接機には、直流と交流の電源があり、それぞれ専用電源といわれます。専用電源には「垂下特性電源」と「定電流特性電源」という2つの特性があります。これはアーク長の変化によって電流がどう変化するかを示しています。

一般的に広く使用されているのが垂下特性電源です。下図を見ればわかるように、電圧と電流の関係は曲線（垂下特性）を描いており、アーク長が短くなって電圧が下がると電流値は若干上がります。

いっぽう、定電流特性電源ではアーク長が変わっても電流は一定で保たれます。被覆アークの直流電源で多く用いられている特性です。

基礎知識　2つの電源の特徴

垂下特性電源の性質

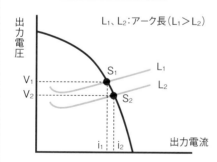

アーク長（L）がL₁からL₂に短くなると、それに合わせて電流値は少し上がる。おもに交流電源の溶接機に用いられ、DIYレベルでは十分。

定電流特性電源の性質

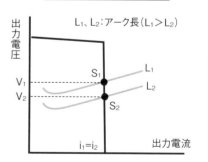

アーク長（L）がL₁からL₂に短くなっても電流値が変化しない。高価な直流電源に採用されており、アークの安定性が高い。

出典：一般社団法人溶接学会・一般社団法人日本溶接協会編『新版改訂 溶接・接合技術入門』（産報出版、2019年）

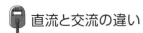 直流と交流の違い

項目	交流アーク溶接	直流アーク溶接
溶接機の価格	安い	高い
アークの安定性	やや不安定	安定
配電設備	大きい	小さい
溶接機の保守・点検	簡単	手間がかかる
電撃の危険性	高い	低い

電源が交流か直流かによって、それぞれメリットとデメリットがある。性能は直流のほうが上回るものの、高価で保守・点検にも手間がかかる。

交流は安価で手軽、直流は高性能だが高価

　溶接電源の交流と直流の大きな差は、左で説明した電源特性の違いによります。交流電源の多くが垂下特性電源を採用しており、電流の安定性という面では劣ります。

　とはいえ、その差はごくわずかで、大電流を用いる場合でない限りそれほど大きな影響は出ません。構造がシンプルなので保守・点検も簡単です。

　いっぽう、直流電源の溶接機の多くは、定電流特性電源が採用されています。アークの安定性が高く、配電設備も小さく済むというメリットがあります。その半面、溶接機が高価で、保守・点検に手間がかかります。

　また、「磁気吹き現象」という溶接不具合も起こりやすいので、直流電源の扱いには注意が必要です。家庭用として使うのであれば、使いやすい交流電源で問題ありませんが、クオリティを求めるなら直流も使用できるモデルがおすすめです。自身の用途に合わせて溶接機を選択しましょう。

知っておくと便利！　ティグ溶接機の電源を活用しよう

　直流電源は、アークの安定性という意味で非常に魅力的だ。ただし、やや高価で手間がかかるのが難点。そこで活用したいのがティグ溶接機の電源である。

　ティグ溶接機の電源には、被覆アーク溶接モードが附属していることがある。しかも、定電流特性のため、安定したアークを発生することが可能。ティグ溶接機の電源があれば、被覆アーク溶接もティグ溶接もできるので、最初に購入を検討するのもよいだろう。

被覆アークの実践⑤ 電流を扱う基本術

アークの溶け込み度合いを決めるのが溶接の電流値です。
微調整を繰り返して適正な値を探っていきましょう。

板厚に対する電流値を知る

　溶接電流を決める際には、まず母材の板厚（いたあつ）を考慮します。材料が厚いほど電流値を上げます。たとえば左下の表（下向きの突き合わせ溶接）の参考値から、板厚に対する目安の電流値を見つけ、もうひとつの表（右下）から、その電流値に対応する溶接棒の心線を探します。そして、溶接場所や環境、仕上がりなどから被覆剤の種類を決めます。溶接棒の箱には各メーカー推奨の電流値が記載されていので、それも参考にするとよいでしょう。電流値は高ければ高いほど避け込みが深くなり作業効率は高まります。しかし、初心者は母材に穴を開けてしまうことが多いため、低い値から始めて徐々に上げて目標値を探るほうがよいでしょう。

 ### 板厚の参考電流値

板厚(mm)	電流値(A)
1.6	50 ~ 70
2.3	100 ~ 120
3.2	110 ~ 130
4.5	140 ~ 160

参考値は下向きI型突き合わせ溶接のもの。

 ### 主要な溶接棒の電流範囲(単位A)

被覆剤の系統	心線の直径			
	2.6mm	3.2mm	4.0mm	5.0mm
ライムチタニヤ系	60 ~ 100	100 ~ 140	140 ~ 190	190 ~ 250
高酸化チタン系	55 ~ 95	80 ~ 130	125 ~ 175	170 ~ 230
低水素系	60 ~ 90	90 ~ 130	130 ~ 180	180 ~ 240
イルミナイト系	50 ~ 90	80 ~ 130	120 ~ 180	170 ~ 250

被覆剤が異なる主要な溶接棒の4系統について、心線の太さ(mm)ごとに推奨される電流値の幅。

電流値を探る基本的なテクニック

　被覆アーク溶接において、電流値の設定は非常に重要です。なぜなら、溶け込みの深さや溶接棒が溶ける速さを決めるからです。溶け込みが浅いとオーバーラップ、逆に深すぎるとアンダーカットという不具合を生じます。

　また、被覆アーク溶接は、溶接棒がどんどん溶けて短くなっていくので、アーク長を一定に保つためには溶接棒が溶ける速さに合わせて、溶接棒の高さを手で微調整していかなければなりません。

 電流値を探る方法

STEP1

まず捨て板（不要な板）を用意。捨て板はできれば接合する母材と同じ材質、同じ板厚のものを選ぶ。

▼

STEP2

捨て板でアークを起動する。軽く溶接をしてみて、溶け込みやビードの盛り上がりなどをチェック。

▼

STEP3

溶け込みが浅いと感じたら電流を5～10Aほど上げて、再度溶接して仕上がりを確認。逆に、溶け込みが深すぎる場合は電流値を下げる。同様の作業で適切なビードになるよう数値を探る。

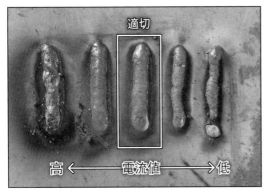

電流値の違いによるビードの様子。適切なビードの状態を知ることが重要である。

被覆アークの実践 ⑥
アーク発生のポイント

アークを起動させるためのテクニックは2つあります。初心者はまずブラッシング法から始めましょう。

瞬時にアークを発生できるタッピング法

被覆アーク溶接でアークを発生させるためには、電極である溶接棒の先端部と母材を接触させてすぐに引き離します。すると、母材と溶接棒の先端の間にアークが発生して高温で金属を溶かしていきます。

アークの発生方法には、2つのテクニックがあります。タッピング法は、溶接棒の先端部を溶接を開始したい地点に軽く接触させて、その反動を利用して2～3mm引き離すことでアークを発生させます。ポイントは面ではなく、点で接触させること。あらかじめ溶接棒を少し傾かせておいて、先端部の角を当てるようにして接触させるのがコツです。

初心者向け！ ブラッシング法の注意点

もうひとつがブラッシング法です。溶接棒の先端部を母材にこするようにして接触させて2～3mm引き離してアークを発生させる方法です。マッチ棒をこすって火をつけるイメージを意識するとよいでしょう。

これは、タッピング法よりも簡単にアークを発生させられるので初心者向けです。ただし、先端部を大きく動かしすぎると、スパークして母材に傷がつくことがあります（アークストライクと呼ぶ）。注意が必要です。

アークの起動しやすさは、母材の表面のなめらかさや溶接棒の種類によっても異なります。そのため、あらかじめ母材の表面を磨いておくことが大切です。タッピング法、ブラッシング法のどちらを使用するにしても、スムーズに発生できるようになるため、とにかく最初は練習を繰り返しましょう。

練習をする際は、溶接したい金属と同じ材質で不要なものを活用すると、電流値や溶接速度などの条件を探りやすくなるのでおすすめです。

アークを発生させる2つのテクニック

タッピング法

母材に溶接棒の角を当てるようにして、接触させてアークを発生させる方法。

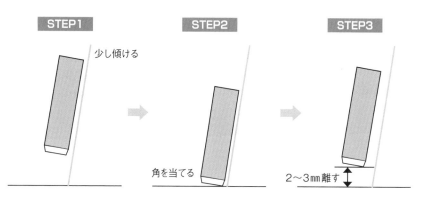

STEP1
少し傾ける

STEP2
角を当てる

STEP3
2〜3mm離す

ブラッシング法

マッチ棒のように、母材に溶接棒の先端をこするようにして、アークを発生させる方法。

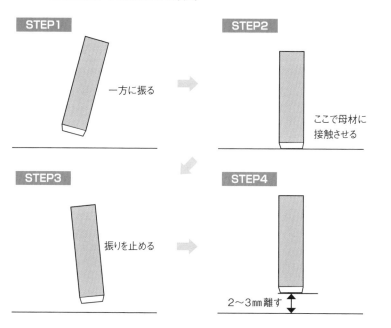

STEP1
一方に振る

STEP2
ここで母材に
接触させる

STEP3
振りを止める

STEP4
2〜3mm離す

被覆アークの実践⑦
後戻りスタート法

chapter 3-8

溶接棒でアークを起動させた部分は、ビード内部に気孔が発生しやすいため、後戻りスタート法が必要です。

溶接開始部の不具合を防ぐテクニック

　被覆アーク溶接で、溶接を開始する際にマスターしておきたいのが後戻りスタート法です。

　これは、溶接を開始する始点（スタート部分）よりも少し先の部分でアークを起動させ、始点に戻ってから溶接を開始する方法です。始点に戻る間に棒先端に保護筒（ほごとう）（p120参照）を形成し、アークの状態を安定させて、スタート部分の母材に予熱（よねつ）を与えることで溶け込みをよくします。

　この方法により、溶接開始部に生じやすい溶け込み不良や融合不良などの溶接不具合を未然に防ぐことができるというメリットがあります。とくに低水素系の溶接棒を使用する際は、アークを起動させた部分にブローホールが発生しやすい性質があるので、後戻りスタート法が推奨されています。

　またこの手法は、一度引いたビードの続きから再び次のビードを引いていくときにも使用するので、マスターしておきたい技術のひとつです。できるようになるまで繰り返し練習しましょう。

ココが重要！ 後戻りスタートのやり方

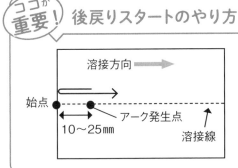

溶接方向 →

始点　アーク発生点　10〜25mm　溶接線

　始点から10〜25mmほど先の位置でアークを起動してから実際の始点に戻すことで、アークは十分に安定した状態となる。

　これにより、溶接を開始する地点（始点）で生じやすいブローホールなどの溶接不具合を回避できる。

被覆アークの実践⑧ 捨て金法

アークの起動に自信がない人におすすめなのが捨て金法。
あらかじめアークを起動させておきます。

不要な金属板を活用してアークを起動

　思い通りのアークを起動できない方におすすめしたいのが捨て金法です。これは、不要な金属板などを用いて、あらかじめアークを起動させてから溶接したい母材に移動させる方法です。

　この方法を用いると、後戻りスタート法と同様に、スタート部分に生じやすい溶け込み不良や気孔の発生などを防ぐことができます。

　コツは捨て板で発生させたアークが安定するまで待機すること。目安は溶接棒の先端が真っ赤になった時点です。なお、ビードの継ぎ目付近に捨て金を置けば、ビードの再開時にも使えます。思い通りにアークが起動できるようになるまでは捨て金法がよいでしょう。

ココが重要！ 捨て金法のやり方

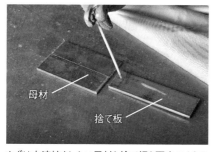

母材
捨て板

まずは本溶接をしたい母材と捨て板を写真のように並べたら、本溶接の接合部分の延長線上でアークを起動させる。

アークが起動したら、そのまま本溶接の接合部分へと溶接棒を運ぶ。

被覆アークの実践⑨ ビードのつなぎ方

chapter 3-10

被覆アークでは、溶接を中断せざるを得ない場合があります。再開してビードをつなぐコツをつかみましょう。

クレータ処理のテクニックを応用しよう

　被覆アーク溶接では、アークが突然切れてしまうことがよくあります。また、溶接棒が消耗して短くなったら、たとえビードを引き終えてなくても中断しなくてはなりません。短い溶接棒を使用すると事故や故障につながるからです。

　そのため、被覆アーク溶接ではビードが途切れたところから再開するケースがよくあります。このとき、いつもの溶接とは異なるコツが必要になります。

　コツは、ビードが途切れてクレータのように凹んでいる部分をしっかり溶かし盛り上げて、ビードの高さを均一になるようにしてからビードを引き始めることです。その際に用いるのが、クレータ処理でビードをつないでいくテクニックです（p90参照）。アークを起動したり消したりして、ほかのビードと同じ高さにそろえていきます。

　まずは生じたクレータ部分のスラグを除去します。スラグには、ビードの酸化を防ぐ役目もあるので、それまで引いてきたビードのスラグを取り除かずに残しておくのがポイント。そのほうが美しい仕上がりを得られます。右ページの手順をもとに、ビードをつなぐコツを理解しましょう。

 基礎知識 ## 溶接棒は50mm以下になったら交換を！

　溶接棒は長さが50mm程度になったら取り換えるようにしましょう。それ以下の長さになると、ホルダにアークとスパッタが当たってしまい、思わぬ事故や故障につながることがある。

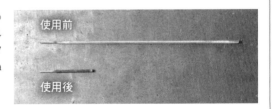

使用前

使用後

ビードを再開してつなぐ方法

STEP1　アークが途切れたらいったん中止する

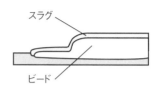

スラグ

ビード

被覆アークでは突然アークが切れることも少なくない。

STEP2　クレータ部分だけスラグを除去

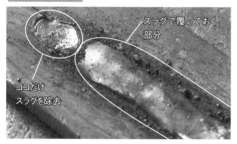

スラグで覆っておく部分

ココだけスラグを除去

クレータ部分

ビード

スラグ

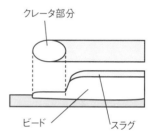

スラグにはビード部分の酸化を防ぐ効果もあるため、クレータ部分のみ除去すること。

STEP3　再開部分でアークをつけたり消したりする

スラグ

ビード

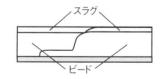

ビード部分と同じ高さになるように盛り上げる。

ビードをつなぐ方法はマグ・ティグ溶接でも同じ。前ビードのクレータ部分に、適切な溶融プールをつくるイメージで!

被覆アークの実践⑩
水平すみ肉溶接

被覆アークの実践例として、水平すみ肉溶接の方法を学びましょう。ポイントは溶接棒の角度です。

溶接棒の傾きを保って引く

　母材を直角に接合する水平すみ肉溶接では、まず母材の接合面にすき間ができないように平やすりなどで加工する必要があります。次に、下向き姿勢で溶接する場合、溶接棒は90度よりも大きく開いておくと溶接しやすくなります。

　仮止めは、接合面の両端部にしましょう。本溶接をする際は、両母材に対して溶接棒を45度ぐらいで維持することが大切です。この角度がぶれると、ビードがどちらかいっぽうの母材に偏るなどの不具合を生じやすくなります。

ホルダに取り付ける際は、溶接棒の角度を90度よりも大きく開いておく。

ココが重要！ 溶接のポイント

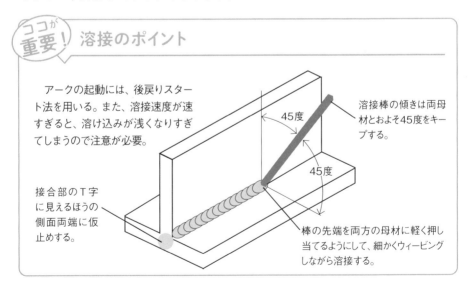

　アークの起動には、後戻りスタート法を用いる。また、溶接速度が速すぎると、溶け込みが浅くなりすぎてしまうので注意が必要。

接合部のT字に見えるほうの側面両端に仮止めする。

溶接棒の傾きは両母材とおよそ45度をキープする。

45度

45度

棒の先端を両方の母材に軽く押し当てるようにして、細かくウィービングしながら溶接する。

被覆アークの実践⑪
アーク長の見極め

ビードに影響を与えるアーク長。その変化を見極めるポイントは「広がり」と「音」にあります。

アーク長の適正値は音で聞き分ける

被覆アーク溶接では、基本的に前進法を使用せず後進法を用います。その理由は、被覆アーク溶接ではスラグが多く発生するため、スラグ巻き込みなどの溶接不具合が起きやすいからです。また、前進法では溶け込みが浅くなる傾向があるので注意しましょう。

被覆アーク溶接において、適切なアーク長を見極める基準になるのは心線の直径です。しかし、心線を直接確認することはできません。そこで参考にするのが、下図にあるような「アークの広がりと溶融プールの幅」です。

ポイントは、アークの広がり溶融がプールの幅と一致しているかどうか。アークの広がりをチェックしながら作業を進めるとよいでしょう。

また、熟練者の場合、適切なアーク長であるかを「溶接の音」で判断することもあります。アーク長が適切な長さだと「バチバチ」といったキレのいい音ですが、長すぎると「ボウボウ」とくぐもった音がするといわれます。個人差があるので判断は難しいが、ひとつの目安として覚えておくのもよいでしょう。

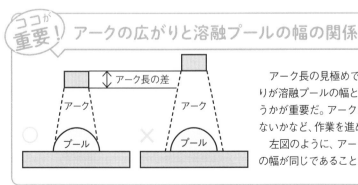

ココが重要！ アークの広がりと溶融プールの幅の関係

アーク長の差
アーク　　アーク
プール　　プール

アーク長の見極めでは、アークの広がりが溶融プールの幅と一致しているかどうかが重要だ。アークが広がりすぎていないかなど、作業を進めながら確認する。
左図のように、アーク長と溶融プールの幅が同じであることが望ましい。

被覆アークの実践⑫
溶接棒を再使用するとき

溶接棒は時間を置いて再使用することがあります。その際には、保護筒の形成に注意しましょう。

アーク再起動時は溶接棒の保護筒を壊す

　被覆アーク溶接では、溶接棒が長いため何度かに分けて使用することがあります。一度アークを発生させた溶接棒は、被覆剤が心線より遅れて溶融することによって、溶接棒の先端が筒状になります。これが保護筒で、アーク発生中においてアークの集中性を高める効果があり、なくてはならないものです。

　しかし、保護筒の状態になった溶接棒で、再度アークを起動させる場合、溶接棒の先端を軽く母材に接触させた程度ではアークが発生しにくくなります。これは保護筒が電気を通しにくく、アークを発生させる心線が覆われてしまっているからです。

　そこで、アークを再起動させる際には一度保護筒を壊す必要があります。コンクリートやレンガのような硬いものを用意して、その上で溶接棒を軽くたたいたり、こすったりして壊しましょう。あまり激しくやると溶接棒の被覆剤を取りすぎてしまうので注意が必要です。

溶接棒の種類を変えるときは試しの溶接を！

　保護筒が長いままだと、見かけのアーク長よりも実際のアーク長が長くなります。これは保護筒内部のアーク長も含まれるからです。そのため、アーク電圧が高くなり、思ったよりも溶け込みが深くなることもあります。保護筒の性質は、被覆径・被覆剤を構成する原料の種類などによっても変わります。溶接棒の種類を変えるときは、一度捨て板などで試してみるとよいでしょう。

　被覆アーク溶接は、溶接棒の扱いに慣れることが溶接性を上げるうえで重要になります。被覆剤の違いで4種に大別される溶接棒の特徴（p106参照）を考慮しつつ、まずは自分の用途に合った溶接棒を選ぶことです。

被覆剤（ひふくざい）

心線（しんせん）

保護筒（ほごとう）

一度溶接したあとの溶接棒の先端部。内部に心線が見える周囲に保護筒が形成されている。

被覆剤

心線

保護筒を壊して心線を露出した状態。やりすぎて被覆剤を取りすぎないように注意する。

ココが重要! 保護筒の壊し方

一度使った溶接棒は、作業台やコンクリートブロックなどにたたくなどして保護筒を壊す必要がある。

溶接棒の周囲の長さが、なるべく均一になるように壊すのがポイントです。

溶接には向かない
焼入れ鋼材

金属を加工する際、さまざまな熱処理が行われます。金属のなかには熱処理によって性質を変えるものもあります。たとえば、一般的な鋼は約700℃まで加熱すると素材が赤くなり、性質が変化し始めます。このような変化を「変態」といい、変化が始まる温度を「変態温度」と呼びます。

　鋼は、変態温度を超えると、より軟らかいオーステナイトと呼ばれる組織に変化します。その後さらに、鋼が黒くなる約550℃まで冷却すると、より硬いマルテンサイトという組織に変化します。

　こうした変化を意図的に生み出すのが熱処理と呼ばれる工程です。おもな加工方法には「焼入れ」「焼もどし」「焼なまし」「焼ならし」の4種類があります。たとえば、日本刀は鋼を真っ赤になるまで加熱し、急速に冷やして硬さを保ちます。これがいわゆる「焼入れ」で、素早く約550℃以下まで冷却しなければ硬化しないため、冷却時間や冷却温度は重要です。

　焼入れした鋼は、硬くもろい性質となるため、実際に使用するには変態温度を超えない範囲で再加熱する「焼もどし」が必要になります。この「焼もどし」という作業で、硬くて強い素材になるのです。

　基本的に焼入れをした鋼材（焼入れ性をもっている鋼）は溶接すると割れやすいので、注意が必要です。

第 **4** 章

ガスを使って半自動で行う
マグ溶接

ビードが美しい
マグ溶接の基本を知る

マグ溶接は国内でもっとも普及している溶接法です。作業効率がよく、ビードが美しく仕上がります。

溶接ワイヤが自動で供給される

　マグ溶接は被覆（ひふく）アーク溶接よりも作業効率がよく、国内で広く使われています。被覆アーク溶接で使用する溶接棒の代わりに、コイル状に巻かれた針金状の溶接ワイヤを電極に用いるのがマグ溶接です。このワイヤは、トーチがつながっているワイヤ供給装置に取り付けられ、電動モーターが回転し自動的に先端部まで送られます。溶接ワイヤには、内部のコンタクトチップを通過する過程で電気が送られます。先端部まで通電したワイヤが母材との間でアークを発生すると、ワイヤは次第に溶けていきます。溶融（ようゆう）プールの周辺にシールドガスが流れ、アークに酸素や窒素の混入を防ぎます。いっぽうでトーチの操作は手動で行います。このように、半分自動化されていることからマグ溶接は「半自動溶接」とも呼ばれます。

　また、マグ溶接で使用されるシールドガスには、炭酸ガス（二酸化炭素）を単独で使用するか、アルゴンガスと二酸化炭素の混合ガスなどを使用することが多く、「炭酸ガスアーク溶接」や「CO_2溶接」とも呼ばれます。いろいろな呼び方があり混同されがちですが、原理としてはすべて同じです。

マグ溶接のメリット・デメリット

　マグ溶接の作業効率がよいのは、溶接ワイヤの溶ける速度が速く、母材の溶け込みが深いからです。さらに、被覆アーク溶接と比べるとスパッタの量が少なく、ビードの外観もキレイに仕上がる利点があります。

　その半面、マグ溶接は風に弱いというデメリットがあります。一般的にマグ溶接を行うときの風速は秒速0.5m以下が望ましいとされ、これは線香の煙が45度程度に傾くような風です。

マグ溶接の基本的な原理

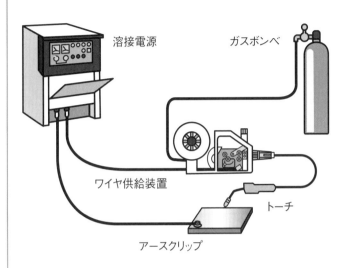

溶接電源

ガスボンベ

ワイヤ供給装置

トーチ

アースクリップ

左図は、しくみが
わかるように溶接
電源とワイヤ供
給装置を別々に
表記しているが、
100Vの溶接機
では溶接電源と
ワイヤ供給装置
が一体になって
いることが多い。

トーチ内部の構造

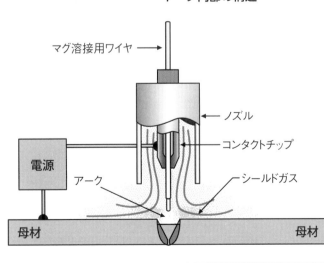

マグ溶接用ワイヤ

ノズル

コンタクトチップ

電源

アーク

シールドガス

母材

母材

トーチから排出
されるシールドガ
スが、内部から供
給されるワイヤと
溶融プールを守
るが、風には弱
い。

マグ溶接で用いる ワイヤの種類

マグ溶接で使う多種多様なワイヤ。用途によって使い分けて美しいビードに仕上げましょう！

ソリッドワイヤは板の厚みで使い分ける

マグ溶接に使用するワイヤには、大きく分けてソリッドワイヤとフラックス入りワイヤの2種類があります。そのうち、広く普及しているのはソリッドワイヤです。

ソリッドワイヤは、通常ワイヤの表面に銅メッキが施されています。近年は銅メッキを施していないメッキレスワイヤなども市場には出回っています。メッキレスワイヤは、メッキのあるものと比べてアークの安定性が高い半面、さびやすいという欠点があります。

また、ソリッドワイヤはシールドガスに炭酸ガスか混合ガス（炭酸ガス＋アルゴンガス）を使用するかによっても種類が細分化されます。なかでも多く用いられているのが、炭酸ガスをシールドガスとして用いるYGW11とYGW12です。YGW11は中～大電流域で使用するワイヤで、YGW12は小電流域で使用します。YGW12を中～大電流域で使用すると、アークの安定性が劣るので避けましょう。厚板（あついた）はYGW11、薄板（うすいた）はYGW12と理解しておいてもよいでしょう。

 ソリッドワイヤのおもな種類と性質

	YGW11	YGW12	YGW15	YGW16
シールドガス	炭酸ガス		混合ガス	
電流域	中～大電流	小電流域	中～大電流	小電流域
適合母材	厚板	薄板	厚板	薄板
溶け込み	深い	浅い	深い	浅い
溶接姿勢	下向き	全姿勢	下向き	全姿勢
スパッタ	多い	少ない	多い	少ない

出典：『溶接・接合技術入門』（産報出版、2008年）および『新銘柄のおはなし』（神戸製鋼HP）

	ソリッドワイヤ 銅メッキ ○	フラックス入りワイヤ 金属部 フラックス
価格	安い	高い
溶着速度	遅い	速い
スパッタ	多い	少ない
スラグ	少ない	多い
アークの安定性	不安定	安定
煙（ヒューム）	少ない	多い

ソリッドワイヤよりも美しく仕上がるフラックス入りワイヤ

　フラックス入りワイヤは、被覆剤（ひふくざい）をワイヤの内部に入れ込んであります。フラックス入りワイヤの最大の特徴は溶着速度の速さです。その速度を同一電流で比較した場合、被覆アーク溶接棒より50〜60%、ソリッドワイヤを使ったマグ溶接より10〜20%ほど速くなります。これは、フラックス入りワイヤの溶接電流が、外側にある金属部に集中するので、トーチから突き出したワイヤ先端部が溶けやすくなるからです。

　こうした特性から、ソリッドワイヤに比べてアークの安定性が高く、スパッタの量が減少します。ビードの外観もより美しく仕上がります。また、鉄やステンレスなど母材に応じて、さまざまな種類があります。

 ### フラックス入りワイヤのおもな種類と性質

	スラグ系	メタル系 （スラグが 少ないタイプ）	メタル系 （スラグが 多いタイプ）
溶け込み	やや浅い	普通	やや浅い
溶接姿勢	全姿勢	下向き	下向き
スパッタ	非常に少ない	少ない	非常に少ない

出典：『溶接・接合技術入門』（産報出版、2008年）および『新銘柄のおはなし』（神戸製鋼HP）

シールドガスの種類と知っておきたい性質

マグ溶接で使用するシールドガスには炭酸ガスと混合ガスがあります。それぞれの用途と特徴を解説します。

シールドガスの役割とガスの種類

マグ溶接に用いられるシールドガスには、「溶融プールを外気から守る」「アークの安定性を保つ」「スパッタの発生量を抑える」「ビード外観を美しくする」などの目的があります。また、コスト面では、安価に使用できるガスを選ぶ必要があります。このように、ガスは溶接作業の効率性から溶接品質、溶接費用まで考えて選ぶ必要があります。

まずは、母材との適合性を考えてみましょう。母材に鉄（軟鋼）を用いる場合、使用するガスは炭酸ガスが主流です。スパッタやスラグをより抑えたい場合は、炭酸ガスとアルゴンガスの混合ガスを使用することがあります。その割合は、アルゴンガス80%、炭酸ガス20%が広く用いられます。この混合比は、アークの安定性にすぐれたスプレー移行（p138参照）を起こす条件でもあります。

これらのガスは、それぞれ溶け込み深さなどにも影響を与えます。下表はその特徴を示したものです。入門用としては炭酸ガスから始めて、品質にこだわるようになったら混合ガスに挑戦するとよいでしょう。

 炭酸ガスと混合ガスの特徴

	炭酸ガス	混合 （炭酸ガス＋アルゴンガス）
適正材料	軟鋼	薄板などの鉄
ビード幅	やや狭い	広い
溶け込み深さ	深い	比較的浅い
溶け込み形状	タマゴ型	半円状

マグ溶接ではさまざまなガスが用いられるが、一般的には炭酸ガスと混合ガス（炭酸ガス＋アルゴンガス）。ビード幅や溶け込み深さなどにも影響を及ぼすので特徴を把握しておく。

ガスの層ができるシールドガス

シールドガスは、健全なビードを引ける領域を守るようにして、いくつかの層をつくります。この層のことを専門的には「層流（そうりゅう）」と呼びます。また、層をつくらずに外気中に放たれるガスは「乱流」といいます。

こうして形成されたシールドガスは、風を受けると下図のように揺らぎ、層流の保護を受けられなくなるのです。

アークがシールドガスの層流の中の空間で発生していれば、外気の混入が少なく済みます。炭酸ガスにおけるシールドガスの標準流量はおよそ1分あたり15〜20リットルです。

このガス流は、風速にして毎秒2mくらいなので、外の風速がこれ以上になると、シールドガスが風に流されて異物が混入しやすくなります。シールドガスの流量と風とのバランスを考えて溶接作業に臨みましょう。

基礎知識 ガスの「シールド性」とは？

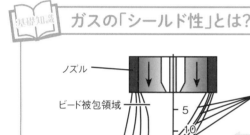

シールドガスが放出されると、複数の層（層流）となる。この層流のなかにアークがあれば異物を防げるしくみ。風が当たると、図のように層流が傾いてしまう。

アークはまっすぐ発生するので、領域から外れると異物が混入してしまう。このときシールドガスの流量を増やして、層流を安定させる。

知っておくと便利！ 炭酸ガスや混合ガスの入手法

混合ガスはガスメーカーに依頼して充てんしてもらうのが一般的。購入の際は、作業場（自宅）近くのガスメーカー（ガス会社）に販売が可能か尋ねてみる。

混合ガスはアルゴンガスと炭酸ガスの各高圧ボンベなどからガス調整器、流量計を経てガス混合装置を用いて合成される。また、混合ガスは溶接性が高くなる半面、炭酸ガスに比べてコストが高くなるデメリットがある。

溶け込みに直結する
電流と電圧の調節方法

マグ溶接では、電流や電圧、ワイヤ径の選択で溶け込み具合が変わり、仕上がりに影響します。

ワイヤ径と電流の関係を頭に入れよう

溶接ワイヤの溶融速度や母材の溶け込みに影響を及ぼすのが溶接電流です。溶接電流が高くなるとワイヤの溶融速度が速くなり、溶着する金属量が増えます。

溶接電流を決める際には、まず母材の板厚（いたあつ）を考慮します。板厚が厚いほど電流値を上げる必要があります。たとえば左下の表（下向きの突き合わせ溶接）の参考値から、板厚に対する目安の電流値を見つけます。そして、もうひとつの表（右下）から、その電流値に対応するワイヤの直径を選ぶようにします。

溶接電流が高くなると、母材に伝わる熱量も大きくなることから溶け込みが深くなります。右ページの上図は、同一の溶接速度で溶接電流を変化させたときのビードの形状と溶け込み深さを示しています。溶接電流を増やすと、ビード幅の広さ、溶け込み深さが増大するのがわかります。

溶接電流を調節する際には、使用するワイヤ径とその電流範囲に気をつけ、適切な溶け込みを探っていきましょう。

板厚の参考電流値

板厚(mm)	電流値(A)
1.6	80 ～ 100
2.3	110 ～ 130
3.2	130 ～ 150
4.5	150 ～ 170

参考値はI型突き合わせ溶接のもの。

ワイヤの種類別・溶接電流の範囲

	ワイヤの直径（mm）	溶接電流範囲（A）
ソリッドワイヤ	0.8	50 ～ 120
	0.9	60 ～ 150
	1.0	70 ～ 180
	1.2	80 ～ 350
フラックス入りワイヤ	1.2	80 ～ 300
	1.6	280 ～ 500
	2.0	350 ～ 500

電圧が決めるアークの安定性とビードの形状

　溶接電圧は、アークの安定性やビードの形状、母材の溶け込みに影響を及ぼします。89ページで述べたように、溶接電圧を高く設定するとアーク長は長くなり、低く設定するとアーク長は短くなります。

　電圧は高すぎても低すぎてもアークが不安定になります。たとえば、電圧が低くアーク長が短い場合は、ワイヤが母材の溶融プールに当たる現象が生じ、逆に電圧が高くアーク長が長い場合は、溶け込みが不規則になってアークの安定性が損なわれます。仕上がりの外観に直接影響を与えるので、本溶接を行う前にしっかりと調節しておきましょう。

電流・電圧とビードの関係

溶接電流とビードの関係

低	電流	高
浅	溶け込みの度合い	深

　同一の溶接速度で行うと仮定して、溶接電流を変化させたときのビードの形状と溶け込み深さを示した図。また、ワイヤが細ければ細いほど溶け込みが深くなり、ビード幅も広くなる傾向がある。

アーク電圧とビードの関係

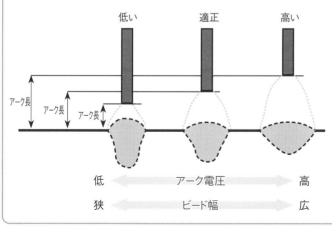

電圧は適正値より高くても低くてもアークが不安定になりやすく、ビードの仕上がりに影響を及ぼす。
　電圧が低いと凸状でビード幅が狭くなり、電圧が高いと扁平状でビード幅が広くなる。

シールドガスが不要！セルフシールドアーク溶接

溶接法はマグ溶接と同様ですが、ガスを使わない手軽さで
DIYで活躍するのがセルフシールドアーク溶接です。

家庭で扱いやすいガスを使わない溶接

　家庭用として多く用いられているのがセルフシールドアーク溶接です。一般的には「ノンガス溶接」とも呼ばれています。マグ溶接と同様に溶接ワイヤを自動送給させて溶接する方法ですが、大きな違いはシールドガスを使用しない点。ワイヤに内包されているフラックス（被覆剤、p127参照）が、アーク熱に反応してシールドガスを発生させます。また、マグ溶接にはないスラグも発生するので、被覆アーク溶接と同様にスラグを除去する工程が必要になります。

　この溶接方法は、ガスを使用しないので、厳密にいえばマグ溶接ではありませんが、溶接機の扱い方や必要な溶接テクニックは同じです。

　ガスを使用せず、ビード外観も被覆アーク溶接と比べてキレイに仕上がります。また、溶接の作業効率が高く、屋外での作業にも向いているので、初心者が最初に扱うには適している溶接法かもしれません。

 セルフシールドアーク溶接のおもなメリットとデメリット

メリット	ガスボンベ（シールドガス）が不要
	ガスを使わないため風の影響を受けにくいため、屋外での溶接作業にも使用できる
	被覆アーク溶接と比べて溶接速度が早い
	溶接金属をスラグが覆うため美しいビード外観を得られる
デメリット	専用ワイヤが必要となるためコストがかかる
	フラックス入りワイヤのため、その保管には注意が必要
	シールドガスを使う溶接よりもスパッタやヒュームの発生量が多い
	マグ溶接と比べて溶接速度が遅い

セルフシールドアーク溶接機のしくみ

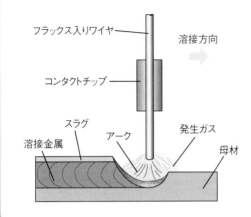

フラックス入りワイヤ

溶接方向

コンタクトチップ

スラグ

溶接金属

アーク

発生ガス

母材

専用のフラックス入りワイヤを使用するセルフシールドアーク溶接は、被覆アーク溶接と同じように、ワイヤに含まれる被覆剤がアーク熱によってガスとなりシールドをつくる。そのため、溶接中は風に強いメリットがある。

また、操作性やテクニックはマグ溶接と同じで、ワイヤは自動で送給されトーチを操作する。スパッタやスラグが発生したり、ヒュームが多いなどの注意点を忘れずに溶接作業をしたい。

作業場所など周囲への配慮を忘れずに！

　セルフシールドアーク溶接には、いくつかの注意点があります。まず、スパッタやヒュームが多く発生する点。とくにヒュームは、人体に悪影響を及ぼすことがあります。防じんマスクなどの準備は不可欠です。屋外で作業する際には、近所に迷惑にならないよう考慮する必要もあります。周囲の状況をしっかりと見極めて、環境に合った安全対策を怠らないようにしましょう。

専用ワイヤの保管には注意が必要

　また、セルフシールドアーク溶接で使用するフラックス入りワイヤは、管理方法や使用法について配慮が必要です。保管が不適切で、水濡れなどが発生すると、ワイヤ表面に錆が生じて溶接性が大きく下がってしまうからです。管理する際の注意点は以下の通りです。

・雨水や潮風などが直接触れない場所に保管する。

・床面からの吸湿を防ぐため、直に地面には置かず、壁から離して保管する。

・送給装置に設置したあとは、水や潮風になどに触れるのを防ぐため、送給装置にビニールシートなどのカバーをかけておく。

・残ったワイヤは環境のよい場所で保管する。

　ワイヤの保管方法は、被覆アークの溶接棒と同じです（p105参照）。

実践！ マグ溶接①
溶接機の機能を知る

マグ溶接機には、アークを安定させる多彩な機能が備わっています。そのしくみを簡単に解説しましょう。

電流と電圧を一体的に調節する一元化機能

　ほとんどのマグ溶接機には、電流値を調節すると自動的に電圧も調整する「一元化機能」が搭載されています。初心者にとっては非常に便利な機能ですが、あまり頼りすぎてはいけません。

　たとえば、狭い開先でウィービング法を用いて溶接するときは、部分的にトーチの高さを変動させたりするので、自分で電流・電圧を調整する必要があります。また、アークを発生させている時間が長くなり、溶融プールが想定外に広がってしまった場合、電流と電圧が途中で変化してしまい、制御しづらくなることもあります。

　このように、一元化機能は便利であるいっぽうで、万能ではありません。一元化機能を使用しながらの作業と、使用しない作業を比較して実践してみるといいでしょう。

　あらかじめ一元化されてしまっている溶接機では、その特徴をしっかりと把握することが大切です。

ほとんどのマグ溶接機に搭載される一元化機能。

ワイヤ送給装置の点検を欠かさずに！

　ワイヤを自動的に送給する装置は、ローラーを回して自動的に送給しているが、このローラー部分は摩耗することがあり、送給に支障をきたす。もしも、うまくワイヤが送給されなくなった場合は、修理が必要なケースもあるので、毎日の点検を欠かさずに行おう。

マグ溶接機に備わるアーク長の調節機能

　マグ溶接機では、ワイヤは送給装置から自動的にトーチ先端へ送られますが、そのスピードは一定である必要があります。トーチの操作はあくまでも手動ですので、たとえば手ブレなどがあってもワイヤのスピードは安定させておく必要があります。そこで、一定のアーク長を保つために、マグ溶接機には電源に定電圧特性電源、ワイヤ送給装置に定速送給のしくみが備わっています。

　この特徴を示したのが下のグラフです。縦軸が電圧で横軸が電流、右肩上がりになっている3本の直線がそれぞれ2mm、4mm、6mmのアーク長によるアークの特性を示しています。たとえば、溶接電流が200A、アーク長が4mmの状態がもっとも安定していたとしましょう。そのときの動作点はBとなります。このとき作業者の手がブレてしまい、アーク長が6mmになったとします。そのときの動作点はAになるので、溶接電流は100Aに減少します。溶接ワイヤが溶ける速度は溶接電流に左右されるので、Aになると、ワイヤの溶ける量が半減します。

　いっぽう、ワイヤは一定の速度で送給されているので、アーク長が縮まって元のBに戻ることになります。こうして、マグ溶接機は多少のズレでもアーク長を自動的に調節しているのです。

基礎知識 アーク長の調整機能のイメージ

　4mmが適切なアーク長だった場合、手ブレなどによって6mmになったり2mmになったりしても、4mmへとアーク長を調整してくれる。その時間は2mmあたりで約0.02秒。瞬時に調整されるので便利だ。

　これがマグ溶接機に備わった、定電圧特性電源とワイヤ送給装置がもたらす特徴で、安定したアークをもたらしてくれる。

　また、セルフシールドアーク溶接機にも同様の機能がある。

実践！ マグ溶接②
速度と角度に注意！

マグ溶接は扱いやすいがゆえに、独自の溶接条件があります。そのしくみと設定の注意点を覚えておきましょう。

溶接速度を速めすぎないよう注意

　マグ溶接の溶接条件設定には、先に紹介した電流や電圧のほかに、溶接速度やトーチ傾斜角度、ワイヤ突き出し長さがあります。溶接速度は、ほかの溶接法と同じで、ビードの形状や溶け込み深さに影響を及ぼします。

　下図は、電流と電圧が一定と仮定して溶接速度を変えたときのビードの形状を示しています。溶接速度が速すぎると、ビード幅が狭く、溶け込みも浅くなり、好ましくない凸状ビードになります。そのため、ビードの止端部でアンダーカットという不具合が生じやすくなります。

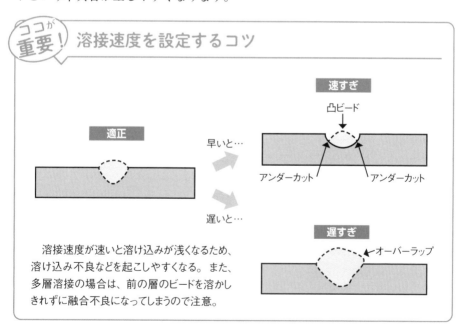

ココが
重要！ 溶接速度を設定するコツ

適正

早いと…

速すぎ
凸ビード
アンダーカット　　　　　アンダーカット

遅いと…

遅すぎ
オーバーラップ

　溶接速度が速いと溶け込みが浅くなるため、溶け込み不良などを起こしやすくなる。また、多層溶接の場合は、前の層のビードを溶かしきれずに融合不良になってしまうので注意。

独特の溶接条件・ワイヤ突き出し長さ

マグ溶接ならではの溶接条件が、ワイヤ突き出し長さです。これは、トーチからはみ出したワイヤの長さを指します。ワイヤ突き出し長さも溶接の仕上がりを決める要素になります。この長さが影響を与えるのは、ワイヤの溶融量、アークの安定性、母材の溶け込みなどです。

同一電流で比べると、ワイヤ突き出し長さが長いほどワイヤの溶融量が増えます。溶接中に保つべき適切な長さは、120A以下なら7〜10㎜、120〜200Aでは10〜15㎜ほどが目安。溶接を始める前に必ずチェックしておきましょう。

傾斜角度に左右される前進法の溶け込み

マグ溶接では、前進法と後進法の2種類を使い分けることができます。その際、大切になるのがトーチの傾斜角度です。とくに、トーチの傾斜角度による影響が出るのが前進法です。

前進法はアークの吹き付ける力が前方に向かって作用する特徴から、トーチの傾斜角度が大きくなればなるほど、溶け込みが浅くなる傾向があります。これは、傾斜をつけたときのワイヤ突き出し長さが影響していると考えられます。

なお、後進法では多少の角度の違いではほとんど溶け込みに影響が出ません。

 前進法・後進法と傾斜角度のイメージ

前進法

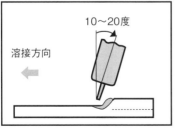

10〜20度

溶接方向

適した傾きは、10〜20度。傾きが大きくなると溶け込みに影響が出る。

後進法

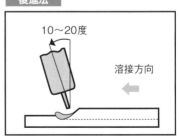

10〜20度

溶接方向

傾きが大きくなっても溶け込みに影響は少ない。

実践！ マグ溶接③
移行現象とは？

アークが発生すると起こる移行現象。溶接条件によって溶け落ちる滴の形状が変わります。

さまざまな形状があるワイヤの溶けた滴

マグ溶接では、アークの熱によって母材が溶けると同時に、ワイヤの先端も加熱されて液状となって母材側に滴り落ちます。このワイヤの金属が母材に移行する現象のことを「溶滴の移行現象」と呼び、さまざまな形状があります。

移行形態によって向き不向きがある

溶滴の移行現象は、実際の溶接作業において電流や溶接姿勢などの溶接条件を設定する際に役立ちます。さまざまな種類の移行現象がありますが、なかでもよく見られるのが短絡移行です。

短絡移行は、小電流で溶接したときに生じやすくなります。アークが発生すると、ワイヤの先端が溶けて溶滴を形成する時間と、溶滴が溶融プールに接触して表面張力によって溶融プールに移行する時間があります。これが1秒間に数十回繰り返し起こって短絡移行が生じます。熱量が少なく、溶け込みが浅くなるので薄い母材や立向き姿勢などに適しています。

また、反発移行やドロップ移行は、合わせてグロビュール移行とも呼ばれます。アークが連続して発生するため、溶け込みが深く、やや厚い板の金属での溶接に向いています。

ドロップ移行が起こる条件で、さらに電流を大きくした際に起こるのがスプレー移行です。ワイヤの先端が先鋭化されることで、ほかの移行形態と比べてもっとも安定し、スパッタの発生量が抑えられるというメリットがあります。

なお右ページには、国際溶接学会（IIW）が定義する移行現象の形態と特徴を掲載しています。移行現象は、実際の形を目で見ないとイメージしづらいかもしれません。右図を参考にして、見極められるように観察しましょう。

代表的な移行現象

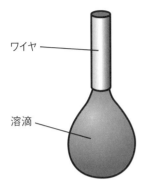

ワイヤ

溶滴

ドロップ移行（グロビュール移行）
ワイヤ大きい径の溶滴が離脱する移行形態。
低〜中電流のマグ溶接などで生じる移行現象。ワイヤよりも溶滴が大きくなるグロビュール移行の一種で、比較的スパッタが少ない。厚板向き。

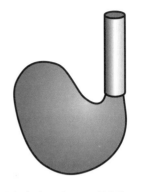

反発移行（グロビュール移行）
塊の溶滴が押し上げられて不規則に移行。おもに炭酸ガスを30％以上含むガスを用いた際に見られる移行現象。溶滴が大きく不規則な動きをするため、スパッタが多くなりやすい。厚板向き。

スプレー移行
ワイヤより小さい先鋭化された溶滴。おもに大電流域で生じる移行で、ワイヤよりも溶滴が小さくなるので溶け込みが深くなる。スパッタが大幅に減少するため外観がよくなる。薄板向き。

短絡移行
低い電流域で生じる移行現象で、ワイヤの先端に形成された溶滴が1秒あたり数十回も溶融プールに接触する。溶け込みが浅いため薄板の溶接に向く。

実践！ マグ溶接④
クレータの処理方法

マグ溶接ではクレータ処理をトーチのスイッチ操作で行うことができます。そのしくみと使い方を解説します。

トーチのスイッチと連動したクレータ処理機能

　マグ溶接ではクレータの処理方法が2種類あります。ひとつは先述したアーク断続法です。もうひとつは、溶接電源に備わっているクレータ処理機能です。

　これは、トーチについているスイッチと連動していて、溶接電流を流したあと、スイッチを再びオン（押しっぱなし）にすると、クレータ電流が流れる（設定できる）という便利なしくみです。

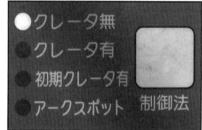

クレータ処理機能を設定するボタン。

　この機能を使うときは、溶接機に付いている設定ボタンを押します。

基礎知識 クレータ処理機能の電流の流れ

トーチスイッチ
ON　　　OFF　　　　　　　　ON　　　OFF

出力電流

溶接電流

クレータ電流

時間

　マグ溶接機にはクレータ処理機能が搭載されており、トーチスイッチの操作でクレータ用の電流に切り替わる。
　この機能の有無を選択できる機種もある。

実践！ マグ溶接⑤
トーチの狙い位置

chapter
4-10

マグ溶接法による水平すみ肉溶接では、トーチの狙い位置が溶け込みを左右する大きなポイントです。

水平すみ肉溶接では狙い位置が大切

　トーチの設定条件で大切なものに、「トーチ狙い位置」があります。とくに水平すみ肉溶接では、狙い位置によってビードの形状が異なるので、適切な角度と位置を身につけることが大切です。たとえば、上板（垂直板）側に狙いが寄りすぎるとアンダーカットを生じやすく、下板（水平板）側に寄りすぎると上板側の溶け込み不良や下板側のオーバーラップを生じやすくなります。最初に下板から狙ったほうが、良好なビードが形成されやすいとされています。

トーチの狙い位置と傾斜角度の関係

コーナー部分を狙うときはトーチの傾斜角度を上板（垂直の母材）から45度に保ち、下板側を狙うときは30〜40度に傾けます。

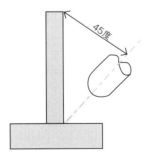

上記の条件の場合はコーナー狙いが基本だが、アーク起動時は下板側のほうがやりやすい。

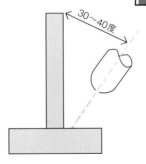

下板側を狙って、溶けた金属を上板に塗りつけるイメージで溶接トーチを動かしていく。

実践！ マグ溶接⑥
パルスマグ溶接法

技術の進歩により誕生したパルスマグ溶接。コストはかかりますが、溶接の高速化ほか多機能な溶接法です。

特殊なパルス電流を活用した高度な溶接法

　混合ガスを使用するマグ溶接のなかで、注目すべきはパルスマグ溶接法です。パルスとは、短時間に急激な変化をする信号を指し、一定の振幅をもった電流を使った溶接がパルスマグ溶接というわけです。右ページの図のように、パルスが大きく上に振れたときにワイヤから溶滴が飛び出します。

　パルス電流は、花火でいうところの火薬のようなもので、パルス電流が一気に上振れすると、強制的にワイヤ先端の溶滴を撃ち出します。そうすることで溶けたワイヤが溶融プールに狙い通り移行するため、スパッタの少ない溶接ができます。このとき、溶滴は安定性の高いスプレー移行の形態になります。

　パルスマグ溶接法は、小電流から大電流域までスパッタをほとんど発生させないため、高品質な溶接作業が可能です。

　いっぽう、連続的にビードを引きたいときはパルス機能を切って作業します。見た目にも差が生じるので、その違いを意識しておきましょう。

 ## マグ溶接とパルスマグ溶接との比較

	マグ溶接	パルスマグ溶接
溶着量	小さい	大きい
溶着速度	遅い	速い
溶け込み深さ	浅い	深い
スパッタ発生量	多い	少ない
ビード形状	鍋底形	深く尖った形状

溶接電流がピーク電流とベース電流を周期的に繰り返すことで、溶着量を大きくすることができるので、あらゆる面でパルスマグ溶接のほうが溶接性が高くなる。

142

溶接速度はマグ溶接の2倍以上！

　パルスマグ溶接は、溶接機のデジタル化が進み、技術の進歩によって生み出されました。その最大の強みは、溶接作業の高速化にあります。これまで溶接速度は速すぎると不具合を生じやすいと述べてきましたが、パルスマグ溶接ではその問題を解消しています。

　高速化を実現している理由は、「アークが消失しないこと」と「溶着量が同一電流値において大きいこと」などが挙げられます。一般的なマグ溶接法では、溶接速度はどんなに速くしてもせいぜい1分あたり70〜80cm程度ですが、パルスマグ溶接は、1分あたり最大150〜180cmの高速溶接も可能とされています。

　高速でも仕上がりがよくなるのは、前述したように、大電流でもスパッタが少ない、スプレー移行の形態になるからです。これによって、薄板から厚板まで安定した溶接が可能です。

　パルスマグ溶接は必ずしも必要な機能ではありませんが、使用する溶接機に搭載されている場合は一度試してみるのもよいでしょう。

　ただし、パルスマグ溶接に対応した溶接機は高価ですので、ある程度の技術を身につけてから余裕がある場合に購入を考えましょう。

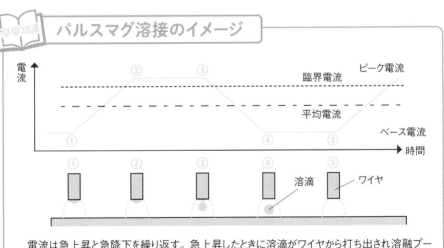

基礎知識 **パルスマグ溶接のイメージ**

　電流は急上昇と急降下を繰り返す。急上昇したときに溶滴がワイヤから打ち出され溶融プールに的確に命中するため、スパッタの量を大きく軽減できる。
　アークが持続的に発生しているので、普通のマグ溶接よりも速く、適切な溶け込み深さが得られる。

造船などで用いられる
プロ仕様のミグ溶接

溶接のしくみはマグ溶接とほぼ同じで、アルミニウムを
溶接できるミグ溶接のしくみを紹介！

不活性ガスを使用するミグ溶接法

　マグ溶接と同様に、シールドガスを用いるのがミグ溶接です。溶接機の構造やしくみなどもほとんど同じですが、ミグ溶接ではアルゴンガスやヘリウムガスなどの不活性ガスをメインに使用する点が異なります。

　ミグ溶接が活躍するのは、アルミニウムやステンレスといった金属の接合。おもに、自動車産業や輸送機業界などで広く用いられています。

　溶接法は、直流・交流、パルス電流の有無などによって細分化されています。なかでも、交流と直流、パルス電流のハイブリッドとなるミグ溶接法は非常に複雑なしくみになっています。

　ミグ溶接法は、仕上がりがキレイな半面、不活性ガスはアークが広がりやすいので、溶け込みが浅く溶接強度が劣るというデメリットもあります。そのため、板厚が厚い母材の溶接には向いていません。

直流と交流で異なるミグ溶接法

電流	パルス	溶接法
直流	無	ショートアークミグ
		スプレーミグ
		大電流ミグ
	有	パルスミグ
		低周波重畳パルスミグ
交流	有	交流パルスミグ
		低周波重畳交流パルスミグ
直流＋交流	有	交流 / 直流複合パルスミグ

ミグ溶接法は直流か交流か、さらにパルス電流の有無などによっていくつかに分かれる。一般的に用いられるのは、ショートアークミグ法やパルスミグ法だ。

造船の世界では、仮止め溶接にショートアークミグ
溶接が使われる。

旅客機やロケットエンジンなどの大型機器にもミグ
溶接が利用されている。

薄板の溶接に向くショートアークミグ法

　ほかの溶接法に比べるとやや複雑なミグ溶接ですが、そのうちもっともシンプ
ルなのが、直流電源でパルス電流のないショートアークミグ法です。ショート
アークとは、溶接ワイヤが溶融プールに接触するたびに、溶融金属が母材へ移行
する現象を利用したミグ溶接法を指します。

　母材に対する入熱温度が低いことから、適合する母材は薄板です。強度が求め
られない部分での溶接がメインとなるため、造船作業などでは組み立て時の仮止
め溶接などに用いられています。

溶接現場で広く普及するパルスミグ法

　現在、もっとも使われているミグ溶接がパルスミグ法です。その基本原理はパ
ルスマグ法とほぼ同じで、高い電流と低い電流を交互に流して、アークを安定化
しています。この溶接法では、薄板から厚板といった広い範囲の母材を溶接でき
ます。

　近年は、電流の波形を制御するコンベンショナル・パルスミグ溶接という手法
も開発されています。高い電流と低い電流を繰り返すことで、理想的な溶滴移行
を実現しています。

　この方法では、薄板だけでなく厚板でも効率的に溶接することができるとして、
さまざまな産業で使用されています。パルスミグ溶接は、わたしたちの生活に欠
かせない溶接法でもあるのです。

溶接面の裏にも美しい
ビードを引く裏波溶接

溶接をした面だけでなく、その裏側にもビードを出したいときに使用されるテクニックを裏波溶接といいます。これはおもに、パイプや配管など円筒状の金属をつなぎ合わせる際に用いられます。裏波溶接ができるようになると、つなぎ合わせた部分が母材と同様の強度を保つことができます。ただし、円筒状のパイプを外側から溶接する作業では、内側のビードを見ることができないため、高度なテクニックが求められます。

裏波溶接は、一般的に開先を用いて行われます。裏側にビードを置くためには、しっかり溶け込ませる必要があるからです。

ポイントになるのは、開先を最初に溶接する初層部分の溶接です。この段階でしっかりと裏側までビードを置いてから、2層目以降に被覆アーク溶接やマグ溶接などでくっつけていくこともあります。

練習をする際は、まず平板などの開先を用いて実践してみるといいでしょう。その際、裏側のビードに、①凹みがないか、②つらら状になっていないか、③割れが起きていないか、などをチェックしてください。

もしも凹みなどがある場合は、強度的に問題が起こる可能性があります。高度なテクニックのため、マスターするには練習を積み重ねることが肝心です。

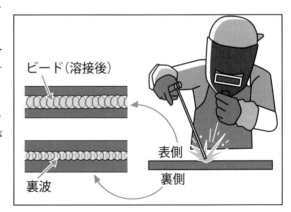

ビード（溶接後）

裏波

表側

裏側

第 **5** 章

さまざまな金属を溶接できる

ティグ溶接

スパッタの量が少ない ティグ溶接の基本

ほとんどの金属の溶接ができる汎用性の高いティグ溶接の
基本事項をまずは整理！

ほかの溶接法との大きな相違点は溶加棒

　ティグ溶接は、シールドガスにアルゴンガスやヘリウムガスといった不活性ガス、電極にタングステンという金属を使用します。被覆アーク溶接やマグ溶接とは異なり、非消耗電極式に分類されます。

　名前の通り、電極を消費して母材に溶着するのではなく、溶加棒（ようかぼう）を溶融プール（ようゆう）に添加して金属を溶着させます。ティグ溶接の最大の特徴は、一般的に溶接で用いられるほとんどの金属を溶接できる点です。

　ただし、材料の種類によってはタングステンの電極を直流にするか交流にするか切り替える必要があります。たとえば、アルミニウム、マグネシウム、亜鉛（あえん）が含まれる金属などは交流で溶接します。

　ティグ溶接機は、溶接電源、トーチ、ガス供給系で構成され、肉盛り（にくも）（盛り上げるとき）には溶加材（ようかざい）を使用します。電源には直流専用電源と直流・交流両用電源の２タイプがありますが、ティグ溶接の強みでもあるアルミニウムの溶接を行うため（交流を使用する）には、直流・交流両用電源のほうが必要になります。

　ティグ溶接はスパッタがほとんど出ず、ビード外観が美しく仕上がります。

スパッタが発生しない

ティグ溶接は溶融プールがアルゴンガスに覆われ、アークの安定性が非常に高く、スパッタがほとんど発生しない。そのため、室内でも溶接作業ができるという大きなメリットがある。

ティグ溶接の基本的な原理

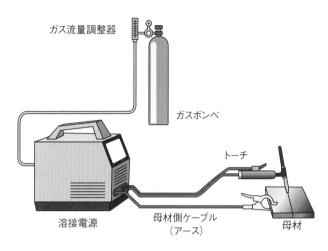

ガス流量調整器

ガスボンベ

トーチ

溶接電源

母材側ケーブル
（アース）

母材

ティグ溶接機の構造は至ってシンプル。

溶接機は比較的高価で、シールドガスに使用されるアルゴンガスが入手しづらいというデメリットもある。

トーチ内部の構造

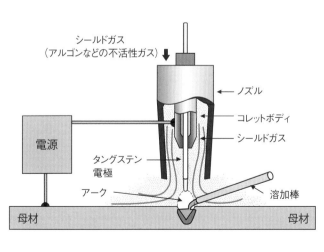

シールドガス
（アルゴンなどの不活性ガス）

ノズル

コレットボディ

シールドガス

電源

タングステン電極

アーク

溶加棒

母材

母材

ティグ溶接の特徴は、放電用の電極にタングステンを、シールドガスにアルゴンやヘリウムなどの不活性ガスを使用する点。不活性ガス中でアークを発生し母材を溶かしていく。

肉盛りには溶加棒を用いる。溶接箇所は不活性ガスに覆われ、アークも安定しているためにスパッタはほぼ発生しない。

ティグ溶接の実践術①
交流と直流の使い分け

あらゆる金属溶接が可能なティグ溶接。その長所を最大限得るには、交流電流が必須になります。

アルミニウムで交流電流を使用する理由

　ティグ溶接は、直流と交流を切り替えることで、さまざまな金属を溶接できます。下表は、電流の種類と適合する母材を簡単に示したものです。基本的にアルミニウムとマグネシウムの合金は交流と覚えておくとよいでしょう。誤って直流でアルミを溶接してしまうと、溶融プールができずに母材が焼けてしまいます。

　交流を使用しなければならない理由は、アルミニウムの性質です。アルミニウムは酸化皮膜に覆われている金属です。この酸化皮膜が2000～2800℃で溶けるのに対し、アルミニウム自体は660℃で溶けるため、酸化皮膜があるまま溶接すると、酸化皮膜は溶けずに内部が先に溶けてしまいます。

　そこでティグ溶接では、交流電流で酸化皮膜を破壊しながら溶接していきます。また、酸化皮膜はあらかじめワイヤーブラシやヤスリなどで取り除いておきましょう。マグネシウム合金も同様です。

　こうして材料の種類によって直流か交流かを決めたら、母材の板厚を考慮した電流値を探っていきます（左下の表）。

 板厚の参考電流値

板厚（mm）	電流値（A）
1.0	30～60
1.6	60～90
2.4	80～120
3.2	110～150

参考値はステンレス鋼（直流）のI型突き合わせ溶接のもの。

 直流と交流で異なる溶接推奨金属

対象となる金属	交流	直流
炭素鋼	×	○
ステンレス鋼	×	○
アルミニウム	○	×
マグネシウム	○	×
純銅	×	○

一般的に使用される金属と、ティグ溶接の直流と交流との対応表。アルミとマグネシウムで、そのほかの金属は直流を使用すると覚えておこう。

ティグ溶接の実践術②
溶加棒を見極める

ティグ溶接の特徴でもある溶加棒。母材に適合するものを
見極めるのは棒の先端にある「色」です。

先端の色が消えないように注意！

　ティグ溶接は、電極と溶着金属となる材料が分かれています。溶着金属として
活用するのが溶加棒で、ティグ溶接棒とも呼ばれます。溶加棒は肉盛りに必要で、
母材と同じ材質のものを使用します。

　一般的に販売されている溶加棒には、「ステンレス用」「アルミニウム用」など
の説明書きがありますが、見た目がほとんど変わらないため、複数の溶加棒をそ
ろえたいときなどは、きちんと区別して管理しなくてはなりません。

　そのときに参考になるのが溶加棒の先端についている色。下表のように色付け
がされているので、混同しないようにケースなどに区別して保管しましょう。

　また、先端の色付けがわかるようにしておけば、再溶接をする際にも判別しや
すくなるので、必ず色付けされていないほうから使用しましょう。

 溶加棒の識別色

●ステンレス鋼の溶加棒							
種類	YS308	YS308L	YS309	YS310	YS316	YS316L	YS347	YS430
色	黄	赤	黒	金	白	緑	青	茶

●アルミニウムの溶加棒					
種類	A1100	A1200	A4043	A5183	A5356	A5556
色	赤	茶	橙	青	黄緑	緑

上表のように、使用する溶加棒は母材の性質の違いに合わせて、それに適合するものを使用する必要がある。
なお、母材と溶加棒の適合組み合わせ表は、本書第7章（p201〜204）を参照。

 chapter 5-4

ティグ溶接の実践術③ シールドガスを知る

ティグ溶接のシールドガスはアルゴンガスとヘリウムガス
が主流。混合して用いることで溶接効率が向上します。

ティグ溶接に用いられる不活性ガスとは？

ティグ溶接のシールドガスには不活性ガスが用いられます。不活性ガスとは、
ほかの元素や化合物と容易に反応しない性質をもつ気体をいいます。そのなかで
よく使用されるのがアルゴンガスです。

アルゴンガスは、大気よりも熱を伝えにくく、大気より比重が重い性質をもっ
ているため、溶接時に高温状態になる金属を守るのに適しています。アークや溶
融プールのシールド効果が高く、ティグ溶接のほかにミグ溶接でも用いられます。
アルゴンガスは炭酸ガス同様に広く普及しています。

ほかに、ティグ溶接でよく用いられるガスにヘリウムガスがあります。アルゴ
ンガスと同じ不活性ガスで、同様のシールド効果が得られますが、ヘリウムガス
のほうが資源量が少ないため、高価になります。

 溶接に用いられるおもなシールドガス

シールドガス	溶接法		適合母材など
	マグ	ティグ	
アルゴンガス		○	ほとんどの金属
炭酸ガス	○		鉄・ステンレス
アルゴン＋炭酸ガス（20％）	○		鉄・ステンレス
アルゴン＋酸素（数％）	○		ステンレス向け
アルゴン＋ヘリウム		○	厚板アルミニウム
アルゴン＋水素（3～7％）		○	オーステナイト系ステンレスのみ
アルゴン＋炭酸ガス＋酸素	○		亜鉛メッキなど

この表ではティグ
溶接だけでなく、
マグ溶接で用いる
ガスもまとめてあ
る。それぞれ溶接
に適した母材が異
なる。一般的にア
ルゴンガスやその
混合ガスが使用さ
れる。

152

アルゴン＋ヘリウム混合ガスで効率アップ

　ティグ溶接では、アルゴンガスにヘリウムガスを混合したガスを用いることがあります。この混合ガスは溶接性の向上だけでなく、溶接にかかる時間を大幅に短縮することができます。

　これは、ヘリウムガスとティグ溶接の特性によって相乗効果が生まれるからです。ヘリウムの大きなイオン化エネルギーによって、母材への入熱が高くなります。加えて、ヘリウムはアルゴンと比較して熱伝導率がよいので、アークの熱を母材に伝えやすいために溶け込みが深くなります。

　ヘリウムが混合している割合が高くなると、アーク電圧も高くなります。ただ、ヘリウムの割合の高さと溶け込み深さは必ずしも比例するわけではありません。

まだある！　いろいろな混合ガス

　アルゴンガスに水素を混合したガスも、アーク電圧を上昇させて高い入熱が可能になる混合ガスです。この混合ガスは、これまでプラズマ溶接という溶接法で用いられてきました。溶接速度を向上させることから、近年はこのガスをティグ溶接で用いることも増えてきました。しかし、適合する母材がオーステナイト系のステンレスだけなので、その用途は限定的です。

　これ以外にも、アルゴンとヘリウムに炭酸ガスを混合したガスなどもあり、それぞれアルゴンガス単独よりも溶接の効率が上がります。

　しかし、混合ガスは比較的高価になります。また、購入するにはガスメーカーから取り寄せる必要があります。

知っておくと
便利！　アルゴンガスはどう入手する？

　アルゴンガスは、産業用としてガスメーカーから購入するのが一般的。ただ、専用の高圧ガス容器を購入すれば、ガス会社や溶接専門店などからアルゴンガスを充てんしてもらうことができる。

　インターネットなどで、ガスの充てんサービスを行っている店などを検索し、まずはコンタクトを取ってみよう。「アルゴン＋ヘリウム」などの混合ガスを販売している店や会社が見つかるはずだ。

　なお、ボンベのサイズにはさまざまあるが、家庭用では1.5㎥以下がおすすめ。

ティグ溶接の実践術④ タングステン電極とは？

ティグ溶接の電極に用いられるタングステン。その性質を知ることが仕上がりを左右します。

交流用に用いられる純タングステン

ティグ溶接の電極に用いられるタングステンは、それ自体が金属として溶着金属になるわけではありませんが、種類や形状によって溶け込みや仕上がりにも影響を与える重要な要素です。ティグ溶接を行うにあたって、タングステンという金属の性質を知っておくことも大切です。

ティグ溶接に用いるタングステンは、含まれる成分によって用途が異なり、JISで分類番号が規定されています。とくに何も混ざっていないタングステンは、純タングステンと呼ばれます。そして、この純タングステンは、昔から交流用として用いられてきたスタンダードなものです。溶融すると先端部がキレイな半球状になるので、アークの安定性にすぐれています。その半面、アークの起動性がほかのタングステンよりも劣ります。

 タングステン電極のおもな種類

商品によく使用される呼称	交流 / 直流	識別色
純タングステン	交流	緑
酸化トリウム入りタングステン（1%）	直流	黄
酸化トリウム入りタングステン（2%）		赤
酸化ランタン入りタングステン（1%）	直流・交流	黒
酸化ランタン入りタングステン（2%）		黄緑
酸化セリウム入りタングステン（1%）		桃
酸化セリウム入りタングステン（2%）		灰

タングステン電極は、大きく分けて純タングステンと酸化物入りタングステンの2種類ある。それぞれ電流の種類や特徴を見極めて、用途に合わせて選択することが大切だ。

154

酸化物入りタングステンの特徴

タングステン電極のアーク起動性をより高めるために開発されたのが、酸化物入りタングステンです。酸化物には電子の放出に必要なエネルギーを減らす作用があり、アーク発生にともなう電極への負荷が軽減されるので、アークの起動性と安定性にすぐれています。

たとえば、酸化トリウム入りタングステンは、おもに直流用として用いられています。交流でも使用できないわけではありませんが、アークの安定性で劣ります。また、タングステン巻き込みという不具合の原因にもなります。

市販されているタングステン電極棒。

いっぽう、酸化セリウム入りタングステンは、直流でも交流でも使用できるタングステンです。アークの起動性においても、酸化トリウム入りタングステンよりもすぐれています。同様に、酸化ランタン入りタングステンも直流でも交流でも使用できるタングステンとして知られています。ただ、交流ではアークの集中性が劣る傾向があり、直流で長時間溶接するのに向いています。また、タングステンは直径の太さによっても適切な電流値が異なります。このとき、板厚を考慮した電流値を探っている（p 150参照）はずなので、それに対応したタングステン電極の種類と電極の直径を選ぶようにします。下表に、電極の直径と目安となる電流値の範囲を示してあるので参考にしてください。

電極の直径に対する溶接電流値の目安

電極の直径 (mm)	直流（A）	交流（A）	
	酸化物入りタングステン	純タングステン	酸化物入りタングステン
1.6	30 ~ 150	20 ~ 100	30 ~ 130
2.0	80 ~ 180	40 ~ 130	50 ~ 180
2.4	140 ~ 240	50 ~ 160	60 ~ 220
3.2	220 ~ 330	100 ~ 210	110 ~ 290
4.0	300 ~ 480	150 ~ 270	170 ~ 360

タングステン電極の太さによって、適切な電流値がある。電流が大きすぎたり小さすぎたりすると、溶接不具合の原因にもなる。上の表を目安に適切な太さのものを選ぼう。

ティグ溶接の実践術⑤
タングステンは先端が命

chapter 5-6

タングステン電極は先端の形状によって溶け込み深さが異なります。研磨法を合わせて覚えましょう。

溶け込み深さに影響する先端形状

　先述したように、タングステン電極の太さは電流と大きく関係しています。溶接電流に対して電極径が小さすぎると電極の先端が溶融しやすくなり、アークの集中性が乏しくなります。それと同時に電極の消耗も速くなります。とくに、交流で使用した際にその傾向は大きくなります。逆に、電流に対して電極径が大きすぎると、アークの起動性が悪くなったりアークが不安定になったりします。

　交流の場合は、いったん鈍角（60〜90度）に研磨したあと、先端部分を1〜1.5㎜ほど平らに研磨し、捨て板などでアークを発生させて半球状にしておきましょう。こうした形状の差がティグの溶け込みにも影響を及ぼします。

基礎知識　タングステンの先端形状とアーク

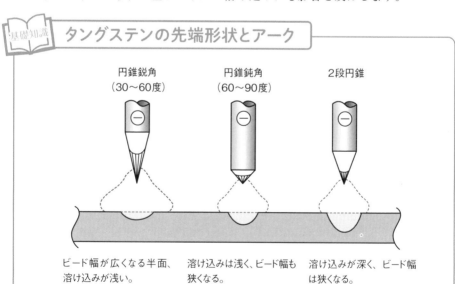

円錐鋭角
（30〜60度）

円錐鈍角
（60〜90度）

2段円錐

ビード幅が広くなる半面、溶け込みが浅い。

溶け込みは浅く、ビード幅も狭くなる。

溶け込みが深く、ビード幅は狭くなる。

先端角度と電流のバランスを考えよう

　左ページの図は、電極の先端角度が溶け込み深さに与える影響を示しています。電極の先端角度が大きくなればなるほどアークの集中性が高まり、その結果、溶け込み深さが増加していることを示しています。

　このことから、すみ肉溶接などで溶け込みの深さを十分に確保したいときは先端角度を鈍角に設定します。逆に、溶け込みを浅くしたい場合は、先端角度を鋭角にします。目的に応じて最適な角度を選ぶことが大切です。

　また、タングステン電極に含まれる酸化物によっても、溶け込み深さで若干の違いを生じます。電極の種類を変える際には、溶け込み深さが変わることもあるので、注意しましょう。タングステンは使用するごとに先端形状が変わってくるため、摩耗したらその都度研磨することも大切です。

ココが重要！ タングステンの研磨方法

●横方向と縦方向に削る
最初は横方向で一気に削って仕上げのタイミングで縦方向に削る。アークが安定しやすい。

●横方向だけで削る
横方向だけで削っても溶接はできるが、アークが不安定になりやすい。

知っておくと便利！ 純タングステンの溶融突起物

　純タングステン電極を使用していると、電極が溶けて、溶融プールに小さい球状の酸化物が発生することがある。これを溶融突起物という。溶融突起物はアークを不安定にして、溶接不具合を起こす原因にもなる。

ティグ溶接の実践術⑥ アークの起動方法

ティグ溶接のアーク起動法は電磁ノイズの有無で2つあり
ますが、ノイズがない電極タッチ方式が初心者向きです。

一般的な高周波高電圧方式

　ティグ溶接におけるアークの起動法は、おもに高周波高電圧方式と電極タッチ
方式の2つがあります。

　そのひとつが、高周波高電圧方式です。これは母材と電極の接触が不要で簡単
に起動できます。

　この方法のポイントは、電極を母材に接触させないこと。トーチのノズル先端
部分を母材に当てておき、タングステン電極の先端部分は数mmほどあけておきま
しょう。その際、電極と母材の距離が長すぎると、アークの起動に失敗しやすく
なるので注意が必要です。

　次に、トーチのスイッチを押してアークを発生させたら、同時にトーチを70
～80度ほど起こします。このとき、電極の先端が母材に触れると電極の先端が
変形したり、先端が吹き飛んで欠けてしまうことがあります。ノズルの角をもち
上げるイメージで行いましょう。

ノイズが発生しない電極タッチ方式

　アークの起動が簡単な高周波高電圧方式ですが、デメリットとして強い電磁ノ
イズを発生します。そのため、近くにパソコンやスマートフォンなどの電子機器
がある場所では作業に向きません。

　そこで、電磁ノイズが発生しないように開発されたのが、電極タッチ方式です。
スイッチを押したまま電極を母材にタッチさせて2～3mmほど離すとアークが起
動する方法で、「タッチスタート」や「リフトスタート」などとも呼ばれていま
す。アーク長を保たなくてもアークを発生できるので、高周波高電圧方式より
も比較的容易です。初心者向きのアーク起動法ともいえます。

2つのアーク起動法

高周波高電圧方式

ノイズが大きい欠点のある高周波高電圧方式。方法自体は簡単だが、その特性から、近くにパソコンやスマートフォンなど、電子機器を置かないように注意する。

Step 1

ノズルの角を母材に接触させたままトーチのスイッチをON

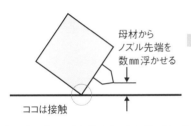

母材から
ノズル先端を
数mm浮かせる

ココは接触

トーチノズルの角を当てて、タングステンを離しておく距離感を身につけよう。

Step 2

アーク発生と同時にトーチを起こす

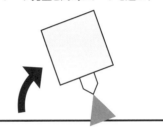

アークが発生したらすぐにトーチを起こす。立てた角度は母材に対して70〜80度が目安。

電極タッチ方式

電磁ノイズが極めて少ない方法で、これをぜひマスターしたい。タングステンが溶けて母材に溶着してしまうことがあるので、細心の注意が必要。

Step 1

ノズルの角を母材に接触させたままトーチのスイッチをON

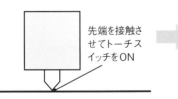

先端を接触させてトーチスイッチをON

電極を母材にタッチさせて、トーチスイッチを押す。

Step 2

アーク発生と同時にトーチを起こす

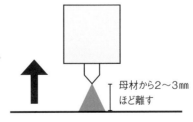

母材から2〜3mm
ほど離す

トーチスイッチを押した直後、一気に2〜3mmほど引き上げてアークを発生させる。

ティグ溶接の実践術⑦
トーチのもち方と送り

ティグ溶接の仕上がりは、両手の動きがポイント。溶加棒とトーチの使い方のコツを伝授します。

個別に練習が必要な「送り」作業

ティグ溶接では、溶融プールに溶加棒を入れてそれを溶かすことで肉盛りをしていきます。この一連の作業を「送り」といいます。

トーチを利き手にもった場合、送り作業は、必然的に利き手ではないほうの手で行うため、慣れるまでに時間がかかるでしょう。溶加棒の握り方は人によってさまざまですが、現場でよく使われているのは「①親指と人差し指の間に挟む方法」と「②中指と薬指の間で挟む方法」です（写真参照）。

いずれにしても慣れるまでには個人差があります。最初のうちは、溶加棒を送らず、手にもったまま（固定したまま）で溶接してもかまいません。また、普段練習する際は、少し長めの菜箸などで行うとよいでしょう。

ココが重要！ 溶加棒を送るコツ

①親指と人差し指の間に挟む

人差し指の付け根あたりで固定して、親指を動かして棒を送っていく。

②中指と薬指の間で挟む方法

中指と人差し指で棒を固定し、親指で送っていく。

2パターンあるトーチのもち方

ティグ溶接のトーチのもち方にもコツがあります。トーチは、スイッチを押したり離したりといった作業をしやすいもち方がベストです。溶接工のなかには特殊なもち方をする人もいますが、基本は下記の写真で示したように2パターンが考えられます。どちらが使いやすいかは個人差がありますので、自分に合ったいずれかの方法をマスターしましょう。

トーチのもち方と構造

箸をもつように中指と薬指でトーチを固定し、人差し指でトーチスイッチを操作する。これが基本的なもち方で、初心者もやりやすい。ただし、横向き姿勢や立向（たてむ）き姿勢ではやりづらいこともある。基本的に下向き姿勢で溶接する人はこのもち方だけでも OK。

ゴルフのクラブを握るように、トーチを手のひらで覆い、人差し指の中腹でトーチスイッチを操作する。これには、横向き姿勢でも立向き姿勢でも操作しやすいメリットがある。このもち方で手ブレが起きやすい場合は、上の方法に変えてみよう。

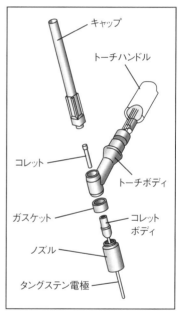

- キャップ
- トーチハンドル
- コレット
- トーチボディ
- ガスケット
- コレットボディ
- ノズル
- タングステン電極

トーチの部品は大きくノズル、コレット、トーチボディ、キャップに分かれる。なかでもノズルとコレット、コレットボディは消耗品のため、替えのパーツを用意しておく必要がある。

パーツの状態が不良ではアークがうまく起動しなかったり、溶接中に途切れてしまうことがある。

ティグ溶接の実践術⑧
身につけたい溶接テク

ほかのアーク溶接とは作業方法が異なるティグ溶接。ポイントを押さえて効率的な溶接技術を身につけましょう。

クレータ処理機能を活用しよう

　ティグ溶接は、ほかのアーク溶接法よりも溶接速度が遅いため、溶接に時間がかかるというデメリットがあります。そのため、溶接機にはクレータ処理機能がついています。細かく出力電流のパターンを調整できるようになっています。

　また、ティグ溶接は薄い母材に用いられることが多いので、溶接電流でアークを発生させると母材が溶け落ちてしまうことがあります。そこでティグ溶接機には、初期電流という機能もついています。一気に本電流が流れないことで、母材を温める役割があると同時に、溶かし始めのポイントを決めやすく、始点の狙いを定めるのに便利です。

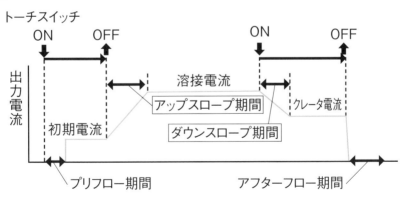

ティグ溶接機の電流パターン

アップスロープ期間（初期電流→溶接電流）、ダウンスロープ期間（溶接電流→クレータ電流）は、傾斜的に電流値が変化していく。

クレータ処理機能を活用した溶接

材質:ステンレス、板厚:3mm

STEP1　アークを起動

初期電流で狙いを定める。少し静止して待つか、電極の先端を小さく旋回させて、溶融プールの広がりを待つ。

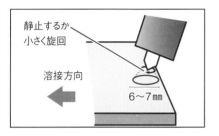

静止するか
小さく旋回

溶接方向

6〜7mm

STEP2　溶加棒を添加

溶融プールの直径が約6〜7mmほどになったら、溶加棒の先端を添加する。溶加棒は、母材表面から5〜15度の角度に傾ける。トーチの角度は10〜20度ほどを保つ。

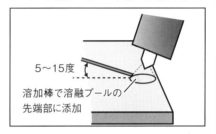

5〜15度

溶加棒で溶融プールの
先端部に添加

STEP3　溶加棒を離す

溶融プールが適度に盛り上がったら、溶加棒を溶融プールから引き離す。その際、酸化してしまうので、溶加棒はシールドガスの内部から外に出ないように注意する。

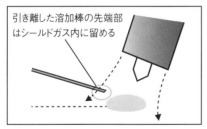

引き離した溶加棒の先端部
はシールドガス内に留める

STEP4　ビード幅を見極める

トーチをピッチ幅のぶんだけ前に進めて、目標のビード幅に溶融プールが広がるまで静止する。目標の溶融プールの幅になったら溶加棒を入れる。

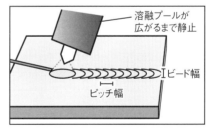

溶融プールが
広がるまで静止

ビード幅

ピッチ幅

STEP5　クレータ処理

溶接の終端部では、やや多めに溶加棒を添加するのがポイント。その後、ワイヤを引き離すと同時に、溶接機本体で「クレータ電流」に切り替えてクレータ部をビードと同じ高さにそろえる。また、終端部が酸化しないように数秒待機してからトーチを離す。

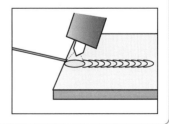

ティグ溶接の実践術⑨
角溶接を覚えよう

chapter
5-10

角溶接（角継手）で薄い板を溶接する際は溶加棒を使用しないことがあります。そのポイントを押えましょう。

角溶接の仮止めを簡単にする方法

　薄い金属を使用することが多いティグ溶接では、溶加棒を使わない場合もあります。たとえば、接合面が角継手となる溶接（角溶接ともいう）。この溶接法は箱型などの金属をつくるときの基本的な手法なので覚えておきましょう。

　下写真のような角溶接の場合、母材同士が接触している部分が非常に小さくなります。そこで簡単な方法として、写真①のように同じ板を当てがって仮止めする方法です。この方法であれば上板側がぶれることなく簡単に仮止めできます。

　こうして溶接したのが写真②の状態です。もし板が長い場合は、最後の中間部も仮止めする安定します。

角溶接の仮止め方法

①

接合している部分を仮止めする。

溶接する下板と側面をくっつけて端部を仮止めする。

同じ板（下板）をずらしてくっつけておき、その上に上板を置く。そうすることで安定した状態で仮止めできる。

②

母材が長い場合は中間部を仮止めすると安定しやすい。

完全に溶け込ませる必要はないため、仮止め時には溶加棒を使用しなくてもよい。板が長い場合は、中間部も仮止めしておく。

溶接が終わってもトーチをすぐに離さない！

　ティグ溶接で、溶加棒を使用しない方法をメルトラン溶接と呼びます。メルトラン溶接では、アーク長を一定に保ちながらトーチ角度を溶接面に対して70〜80度ほどに保持して前進法を用いるのが一般的です。

　進行方向からのぞき込むように溶融プールをしっかり見るとよいでしょう。

　終端部まできてアークを切ったあとに注意が必要です。溶接が終わったあとでも、シールドガスは2〜3秒ほど出続けます。

　これはアフターフローといわれる機能で、溶接部の酸化を防ぐ役割があります。というのも、トーチを離してしまうと、クレータ部分に空気が入り込んで、ブローホールやピットといった気孔などを生じてしまうことがあるためです。

溶融プールがハート型になったら要注意！

　角溶接の本溶接では溶融プールが溶接するルートから少し先行するような形状に保って進めることが大切です。溶接速度が速すぎると、溶融プールの形状が崩れてしまいます。タングステンの先端部から、溶融プールが先行しているかが見極めのポイント。溶融プールがハート型になったら、きちんと溶け込んでいないので、少し静止して溶融プールが形成されるのを待ちましょう。

　角溶接では溶接速度が遅すぎると、接している母材が溶け落ちてしまうこともあります。溶融プールをしっかりと観察しながら、できる限り一定の速度で電極を動かせるようになりましょう。

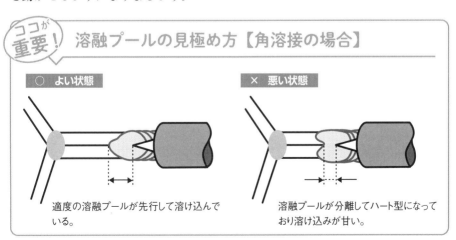

ココが重要！ 溶融プールの見極め方【角溶接の場合】

○ よい状態	× 悪い状態
適度の溶融プールが先行して溶け込んでいる。	溶融プールが分離してハート型になっており溶け込みが甘い。

ティグ溶接の実践術⑩
クリーニング作用とは？

ティグ溶接機のさまざまな機能を活用して、アルミニウム
の溶接をより的確に行えるようにしましょう。

アルミニウムの溶接で大切なクリーニング作用

ティグ溶接では、ビードの周囲の母材表面がきれいに仕上がります。これはクリーニング作用と呼ばれるもので、母材表面にある酸化物を除去する現象です。とくに、アルミニウムのように酸化皮膜をもっている母材には非常に効果的な作用といえるでしょう。

クリーニング作用は、おもに電極がプラスになったときに発生します。ティグ溶接機でアルミニウムを溶接するときは、一般的に交流が用いられますが、これはクリーニング作用と溶け込みの深さが関係しています。

そのしくみを理解するためには、直流で溶接したときの原理を理解する必要があります。

アルミニウムの溶接で交流が用いられる理由

直流において電極がマイナスのときとプラスのときの溶け込みの深さを示したのが右ページの図です。直流でマイナスのときは溶け込みが深くなりますが、クリーニング作用が得られません。

いっぽう、直流でプラスのときは溶け込みが浅くなりますが、ビードの周囲にクリーニング作用が得られます。ただ、電極の消耗が激しく、溶け込みの効率が悪くなるので、現在は使用されていません。

この両方の特性を得られるのが、プラスとマイナスが交互に切り替わる交流です。交流では電極がプラスになったときにクリーニング作用が得られるうえに、ほどよい溶け込みになるからです。

そのため、ティグ溶接でアルミニウムを溶接するときは、基本的に交流を用いるようになったのです。

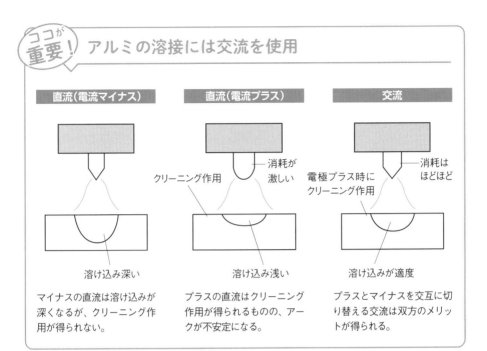

ココが重要！ アルミの溶接には交流を使用

直流（電流マイナス）

クリーニング作用

溶け込み深い

マイナスの直流は溶け込みが深くなるが、クリーニング作用が得られない。

直流（電流プラス）

消耗が激しい

溶け込み浅い

プラスの直流はクリーニング作用が得られるものの、アークが不安定になる。

交流

電極プラス時にクリーニング作用

消耗はほどほど

溶け込みが適度

プラスとマイナスを交互に切り替える交流は双方のメリットが得られる。

クリーニング幅をつまみひとつで制御

　ティグ溶接機には、「クリーニング幅調整モード」という機能が搭載されている機種もあります。これで、交流波形をコントロールすることができます。

　たとえば、クリーニング幅調整機能を「広い」（デジタル機の場合は「プラス側」）にすると、電極プラスの比率が高くなり、クリーニング幅を広げることができます。母材のクリーニングが求められる場合はこの機能を使いましょう。

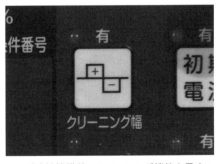

ティグ溶接機搭載のクリーニング機能を示すスイッチ。

　ただし、マイナス電極の比率が低くなるので、必然的に母材の溶け込みが減少し、電極の消耗が多くなるので注意が必要です。溶け込みが浅くなるのを防ぐには、溶接電流を上げるなどの補正が必要です。

ティグ溶接の実践術⑪ パルスティグ溶接法

ティグ溶接機に搭載されている「パルス機能」を使った
「パルスティグ溶接法」で作業効率が大幅にアップ！

汎用機でも増えてきたパルス機能

　パルスマグ溶接と同じように、パルス電流を利用したティグ溶接法がパルスティグ溶接法です。ティグ溶接では直流・交流ともに使えます。近年では、汎用のティグ溶接電源でもパルスティグ溶接をできるものが販売されています。

　この溶接では、周波数のほかに「パルス電流」と「ベース電流」の設定が必要です。薄板の場合、パルスなしだと溶け落ちてしまいがちですが、2つの電流と周波数をうまく設定すると溶け落ちず、安定したビードを引きやすくなります。

　パルスの単位はHz（ヘルツ）で表示され、0.5～20Hzは低周波、20～500Hzは中周波、20キロHz以上は高周波に分類されます。0.5Hzの場合は、2秒に1回の間隔で高い電流（パルス電流）と低い電流（ベース電流）を流します。おもに中・厚板の溶接や板厚の異なる母材の溶接、または母材同士にすき間があるときに用いられます。一定電流で溶接するよりも溶融プールが大きいので溶加棒が入れやすく、入熱も高いので溶加棒が溶けやすくなります。そのため、母材の溶接効率が向上するのです。

 パルス周波数の数域と溶接効果

分類	周波数域	効果	用途例
低周波	0.5Hz～20Hz	母材の溶接性の向上	板厚が違う金属の溶接、すき間のある継手の溶接、種類の異なる金属の溶接
中周波	20Hz～500Hz	溶融プールを振動させてクレータ部分をなじみやすくする	板厚の薄い金属の溶接
高周波	20キロHz以上	アークを安定化	0.1mm以下の極薄板などの精密な溶接

パルスティグ溶接を活用した際のビードの様子

材質：ステンレス、板厚：3mm

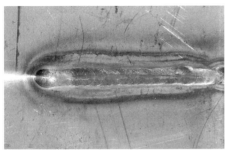

パルスなし

パルス機能を用いない場合は、ずっとアークが出続けるので連続したビードが引ける。

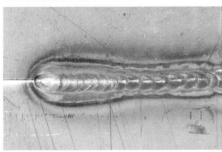

パルスあり

パルス機能を用いると、アークが断続的に切れたりついたりするので、個別に連なるようなビード形状になる。

設定値
パルス電流：120A
ベース電流：60A
周波数：1.0Hz

溶け落ちの防止に役立つ中周波

　パルス機能は薄板の溶接で力を発揮します。パルス機能を使わない場合、溶かしやすい電流値でアークを出し続けていると、周囲が熱くなり溶け落ちやひずみの原因になります。逆に電流値が低くすぎると、なかなか溶け込みません。

　そこで、パルス機能を使うことで、通常よりも高い電流（パルス電流）のときは、しっかり溶け込んでくれて、低い電流（ベース電流）のときは、溶けずに母材が適度に冷却（少し固まる）されるのです。

　このような調整ができるため、溶け落ちを防止して溶接がしやすくなります。

　業務用の溶接機では、パルス電流、ベース電流、周波数などをすべて自分で設定できます。ただ100V用溶接機では機種によっては、周波数やベース電流などが固定されている（自分では設定できない）ものもあります。とはいえ、もしパルス機能が搭載されているなら、ぜひ活用したいテクニックです。

突き合わせ溶接に開先不要！
意外と使えるプラズマ溶接

こ れまでアーク溶接について学んできましたが、アークにはプラズマガスを
利用した「プラズマアーク」という種類があります。

　マグ溶接やティグ溶接ではアークが母材に対して広がっていますが、プラズマ
アークの場合はトーチの内部でアークを制御して、細いアークを発生させます。
その分だけ熱源が集中するので、幅が狭く深い溶け込みを形成します。

　溶接電源はティグ溶接と同様に、定電流特性電源を用います。一般的に、プラ
ズマを発生させるためのプラズマガス（作動ガス）にはアルゴンガスが使用され
ています。いっぽうのシールドガスには、アルゴンガスかアルゴンガスと水素に
よる混合ガスを使用します。

　プラズマアークを用いた溶接の大きな特徴は、①厚板でも開先加工が不要、②
ひずみが少ない、③スパッタとスラグが発生しないなどが挙げられます。熱源が
集中するので、ほかのアーク溶接と比較して高性能といえます。ただし、専用の
溶接機は非常に高価なため、一般的とはいえません。

　いっぽう、プラズマアーク
を活用して金属切断をする機
能は、一般的な価格の溶接機
にも搭載されている場合があ
ります。プラズマ切断はあら
ゆる金属を切断できるうえ
に、切断スピードが速いとい
うメリットがあります。

第**6**章

リカバリー対応と仕上げのコツ

溶接のミスは
早めに補修が基本！

ミスをしても補修できるのが溶接の大きなメリットです。
どこに原因があったのか知ることが大切です。

溶接のミスはリカバリーが利く

　これまで、被覆（ひふく）アーク溶接、マグ溶接、ティグ溶接それぞれのしくみから基本的な溶接法についてみてきました。「不具合を起こさず、キレイなビードを引く」ためのコツやポイントに重点を置いていました。

　しかし溶接を始めてみるとわかりますが、どんなに気をつけていても必ずミスはするものです。熟練の溶接工でさえ、ふとした判断ミスで溶接不具合を起こしてしまうものです。

　ですから、ミスに対して臆病になるよりも、ミスをしたら「なぜそうなってしまったのか」を考える癖をつけるようにしましょう。溶接は数mm単位の細かい作業なので、慣れるまでにはどうしても時間がかかります。経験を積み重ね、試行錯誤することが大切なのです。

　溶接がうまくなるコツは手の器用さだけではありません。もちろん器用なほうが有利でしょうが、どんなに運棒（うんぼう）（手の運び方）がうまくても、知識がなければ、金属を溶かすことさえままならない場合があります。ミスをしたら何が悪かったのかを検証し、その都度修正を重ねていく姿勢が何よりも大切になってきます。つまり上達の早道は、いかにミスをしないかではなく、いかにミスを減らしていくかといえるでしょう。

　幸いにして、溶接はミスをしてもリカバリーできるというメリットがあります。しかも、ほとんどのミスで補修が可能です。この章では、初心者が起こしがちなミスの事例を出しながら、その原因と補修方法、そして機材のメンテナンスについて見ていきます。

　そして最後に、形状の違った母材を組み合わせて溶接するときの手順から仕上げのコツまでを紹介します。

溶接不具合の実例解説

表面に小さな気泡ができる

ビードを引き終えた際に表面などに穴（ブローホールやピットなど）ができることがある。見た目の問題だけでなく、内部にも気孔が生じて強度に問題が生じている可能性がある。

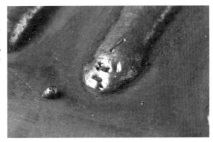

溶け落ちてしまった

写真の角溶接（角継手＝かどつぎて）などでよく生じる不具合で、溶け込みが深すぎて溶け落ちてしまった状態。

裏面のビードがうまく引けていない

一見すると、溶接した表面はうまくいったように見えるが、実は裏面ではビードがガタガタになっている。

表面

裏面

溶け込まず、盛り上がる

ビードが安定しておらず、表面にコブのようなものができた状態。溶接工のなかでは、その形状から「ダマ」とも呼ばれる。

ダマになった部分

穴が開いたり凹んだり
溶接不具合の原因は？

溶接には不具合がつきもの。材料内部で起こるものと目視
できるものとがあります。代表例を見ていきましょう。

溶接不具合の内部欠陥と外部欠陥

　溶接不具合には表面欠陥と内部欠陥があり、見た目で判断できるのは表面欠陥です。表面欠陥の代表例がアンダーカットやオーバーラップ、割れなどです。ビードの表面や熱影響部（p194参照）に何らかの変化が生じているので、目視で確認できます。いっぽう、ブローホールやスラグ巻き込み、融合不良などは、ビードや金属の内部で起きています。内部欠陥は気づきにくいために、制作物ができあがってから強度が不足して外れてしまうようなことが起きます。右ページに不具合のおもな事例をあげておきます。

ココが
重要！ やり直したほうが早いミスもある！

溶接部が完全に酸化してしまったもの。除去または溶接のやり直しが必要だ。

酸化した部分を取り除くのには手間がかかるため、新たにやり直したほうが早いかもしれません。

溶接不具合のおもな例

内部欠陥

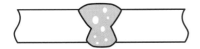

ブローホール

溶接金属のなかに、酸素や窒素、ガスなどが混入すると、内部に気孔ができる。溶接部の急激な冷却も原因になりやすい。

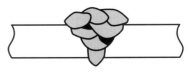

スラグ巻き込み

ビードと母材の融合部にスラグが混入して起こる不具合。多層溶接でスラグを十分に除去しなかったときなどに起こる。

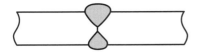

溶込み不良

目的の位置や深さまで溶け込んでいない状態を指す。電流や電圧が弱かったり溶接速度が速すぎると起こりやすい。

融合不良

溶込み不良と似たような不具合だが、とくに溶着金属同士が部分的に溶け合わずに隙間が生じた状態を指すことが多い。

外部欠陥

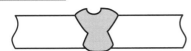

ピット

ブローホールと同様に溶着金属に気孔ができる不具合。ブローホールとは異なり、気孔が表面にできた場合を指す。

割れ

溶着金属やその周囲にある熱影響部に生じる割れのこと。高温割れや低温割れなど、おもに温度が原因になりやすい。

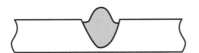

アンダーカット

溶接金属が不足し、溝ができてしまう状態。溶接速度などの条件が原因で起こる。

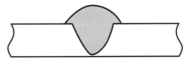

オーバーラップ

溶接金属が母材と融合せず盛り上がった状態。電流が低すぎたり、溶接速度が遅すぎるなどの原因で発生しやすい。

小さなミスは即解決
溶接不具合の直し方

不具合によって対処法は違いますが、まずは補修までの大まかな流れをつかみましょう。

流れは「磨き」→「再溶接」→「磨き」

　溶接の不具合の状態によって工程は異なりますが、大まかな流れは次の通りです。まずは、ワイヤーブラシなどを使って、再溶接する部分の表面を磨きます。そして補修したい部分を改めて溶接し、仕上げに磨きます。

　しかし、溶接部が酸化していたり、割れが全体に及んでいたりするような場合は、溶接部を除去する作業から始めます（p181参照）。こうした作業は「はつり」と呼ばれます。もっとも一般的な方法は、ディスクグラインダーなどによる研削です。これで溶着金属をすべて除去します。溶着金属が残っていると、融合不良などの新たな不具合の原因になるからです。ディスクグラインダーは金属を切ったり、ティグ溶接でタングステンを研磨したりするときにも使用するので、溶接を行う際には欠かせないアイテムのひとつです。

知っておくと便利！　ディスクグラインダーは必需品

　溶接作業に不具合はつきもので、その際に役立つのがディスクグラインダーや精密グラインダーである。研磨や研削、切断にと、汎用性が高いので用意しておきたいひとつ。精密グラインダーは「リューター」とも呼ばれ、より細部な研磨や研削に役立つ。

　ディスクグラインダーや精密グラインダーは、多くのメーカーから機種が発売されているので、直接手に取って選ぶとよい。

右がディスクグラインダーで左が精密グラインダー。

穴が開いてしまったときの例

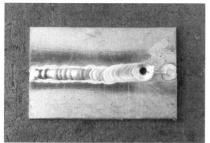

写真のように母材に穴を開けてしまうミスは、初心者にはよく起こる。

再溶接した箇所に溶着金属が残っている場合は、最初に除去する作業が必要になるが、写真のような状態では不要である。

研削が必要な場合はココから

溶着金属が表面に残っている場合は、ディスクグラインダーなどを使ってキレイに削り落とす。

STEP1

ワイヤーブラシで研削した部分とその周囲を磨いていく。不純物を完全に除去しよう。

STEP2

穴の周囲から金属を溶かして穴へと金属を流し込んでいくイメージで溶接する。

STEP3

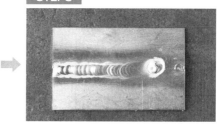

写真が完成品。前回のビードと高さが同じぐらいになるよう狙いをつけよう。

穴が開いた部分の溶接は、まず穴の周囲でアークを起動して、穴の周囲から肉盛りをしていき、中心へ向かって穴を埋めていくイメージで進めましょう。

電流値に原因？
溶接機の設定を微調整

溶接不具合は、再溶接して修正します。このとき注意すべきは、溶接機の電流値の設定値です。

溶け落ちる原因の多くは電流値の高さ

　溶接不具合にはさまざまな症状があり、その原因もいろいろと想定されますが、溶接機の設定そのものに問題があるケースも少なくありません。

　たとえば、下の写真（角溶接）のように溶け落ちてしまった場合、まず考えられるのが電流値の高さです。不具合箇所を補修する際には、母材の厚さを今一度確認したうえで、現在の電流値よりも少し数値を落として溶接します。溶接は、ワイヤや溶加棒で、溶け落ちてしまった部分に金属を添加していくイメージで行うとよいでしょう。

　なお、溶け落ちの原因としてはほかにも、開先面（かいさき）の汚れ、トーチの角度が大きい（90度に近かった）などが考えられますが、まずは電流値の調整を試し、それでもうまくいかない場合にはほかの原因を探りましょう。

不具合によって電流値を上下させる

　右上写真のような角溶接は、そもそも溶け落ちやすいので注意が必要。電流値による不具合を起こしてしまわぬよう、母材の厚さを考えながら、やや低めの電流値で再溶接をするとよい。

　右下写真は、ビードがつぎはぎになってしまった、すみ肉溶接の溶け込み不良の状態。母材同士が接合できていない。ディスクグラインダーを使って盛り上がっているビードを均一にならし、カスをしっかり取り除き、よく磨いてからビードを引き直す。この場合、電流値が低い可能性があるので、少し電流値を上げて補修するのがコツ。

　前述の通り、初心者にとって大きな悩みとなるのがビードの外観です。外観が汚い場合は手ブレなどが原因のこともありますが、まずは溶接条件を再度確認することが大切です。

　また、アークが不安定になっている可能性もあり、マグ溶接などの場合は風の影響も考えましょう。ワイヤや溶加棒の供給が遅くてもビード不良になります。こうした環境や諸条件をもう一度確認してから補修にあたりましょう。

 ## おもな溶接不具合の原因と対策

溶接不具合	原因の例	対策例
溶接割れ	溶接材料や溶接棒がサビていたり水分や油分などが付着	材料や溶接棒のサビや汚れを落とし乾燥させる
溶け込み不良	電流値や電圧値が低い 溶接速度が速すぎる 開先角度が小さすぎる	電流値を適切な数字まで上げる 溶接速度を遅くする 開先角度を再検討（広げる）
ブローホール（気泡）ができた	シールドガスが不十分 開先の汚れ 溶接棒が吸湿している	シールドガスを調整する 開先についた油分などの汚れや湿気を除去する 溶接棒をきちんと乾燥させる
スラグ巻き込み	多層溶接で、前層を溶接した際のスラグの除去が不完全	前層のスラグを完全に除去する
穴が開いた	電流値が高い	電流値を下げる
融合不良	多層溶接をした際にきちんと溶け合っていない	前層をしっかりと溶かす
アンダーカット	溶接電流が高い 溶接速度が速すぎる 溶接棒の狙い位置のズレ	適正な電流値に下げる 溶接速度を落とす 溶接棒の角度を一定に保つ
オーバーラップ	電流値が低い 溶接速度が遅すぎる	電流値を上げる 溶接速度を速める
ピットができた	シールドガスが多い 開先にサビや汚れがある 溶接棒が吸湿している	シールドガス量を調節（減量） 開先のサビ、油分などの汚れや湿気の除去 溶接棒をきちんと乾燥させる
溶接箇所がずれる	溶接姿勢が悪い 保護面についている遮光ガラスが見えていない	姿勢を正す 遮光ガラスを通して手元が見えるか確認
クレータ処理がうまくいかない（うまく盛れない）	電流値が高い	電流値を下げる

溶接部が割れた！予防とリカバリー方法

chapter
6-5

溶接を終えた部分に生じる2種類の「割れ」。その予防や修正には金属の温度管理が必要になります。

金属の温度が原因で起こる割れ

　温度が原因で起こる溶接不具合の代表が、割れです。割れには大きく分けて高温割れと低温割れがあります。

　高温割れは、金属に含まれるリンや硫黄などの成分が固まる温度幅が広がったり、金属内部で収縮する力がはたらいたことなどが原因と考えられます。

　いっぽうの低温割れは、溶接部が約300℃以下になってから生じるもので、熱影響部の硬化（p194参照）がひとつの原因です。組織が硬くなると収縮し、割れが発生しやすくなります。高温割れは、溶接温度を低くしたり、仮止めを工夫するなどして防ぐことができますが、低温割れは、予熱や後熱を活用して冷却速度を調整することがポイントになります。

割れが生じやすい金属には予熱・後熱処理

　予熱や後熱といった処理は、炭素含有量が高く低温割れが発生しやすい金属材料に用いられます。予熱は低温割れの防止のほか、品質の向上やブローホールの発生防止などを目的に行われます。予熱すると、溶接後の冷却速度は遅くなり、冷却する時間も長くなります。そのため、溶接金属中の水素が外部に放出されやすくなり、熱影響部の硬さも低減されます。

　いっぽう後熱は、溶接後にビードの周辺を熱する手法です。基本的には予熱と同じで、金属が硬くなる速度を遅めて、内部に含まれている水素を外へ排出させます。いずれも、ガスバーナーなどを用いてビードの周辺を熱します。

　しかし、家庭用で用いる軟鋼などは割れが生じにくいよう、設計されているので、予熱・後熱処理を用いることはほとんどありません。炭素含有量が高く低温割れしやすい材料を溶接する際に必要になると覚えておきましょう。

割れが生じた溶着金属をすべて除去！

　前述の通り、市販されている鋼材（こうざい）は割れにくく設計されているので、溶接条件さえ整っていれば、あまり割れを生じることはありません。ただ、まれに時間が経ってから割れを生じることがあります。割れは強度に問題が生じるので、土台になる部分などではリカバリーが必要になります。

　リカバリー方法は、溶着部分を除去して再度溶接することです。ディスクグラインダーを活用しましょう。溶着部分を削り終わったら、「磨き」→「再溶接」→「磨き」の流れです（p176参照）。

ココが重要！ 割れが生じた際のリカバリーのイメージ

割れが表面までに出た

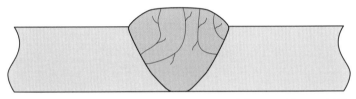

溶接した金属の断面イメージ。溶着部に割れが起こると強度に問題が生じる。土台部分などの場合はリカバリーが必要になる。

すべて除去する

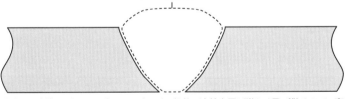

除去する方法はディスクグラインダーが一般的。溶着金属が激しく飛び散るので、事前に周囲の状況も確認しておこう。なお、例として割れが全体に広がっている場合を示したが、部分的に割れを生じた場合には、割れた部分だけを除去すればOK。

> 割れた部分を除去し終わったら、再度溶接する前に必ず溶接部を磨いてキレイにしておきましょう！　油汚れなどは厳禁です！

クレータ処理の失敗を
すぐにリカバリー！

クレータ処理の失敗は、強度や外観に問題を生じます。そのリカバリー法と予防策を身につけましょう。

クレータ処理は簡単にリカバリーできる

　クレータ処理に失敗すると、ビードの終わり部分にくぼみができてしまいます。このままではビード部分に高低差ができてしまい、強度や見た目に問題があります。もしもクレータ処理に失敗した際には、いま一度、ほかの部分と同じ高さになるようビードを盛りましょう。

　また、下の左側の写真のように溶接の終端部を仮止めしておくとミスの予防になります。あとは、同じ高さにビードをつないでいき、仮止め部分に半分ほどビードを盛ればOKです。その際、一般的な仮止めよりも余盛りを少し高くしておくイメージで溶接するとよいでしょう。

　なお仮止めは、溶接に慣れるまで溶け落としてしまいがちな始点（スタート部分）にも有効です。

ココが
重要！ 仮止めでクレータ処理のミスを予防！

STEP1

仮止めをした段階で余盛りを高くしておく。

STEP2

仮止めの高さにビードをつないでいく。

くぼみが
解消されなかった!
クレータ処理がうまくいかない
と、くぼみが解消されずに見
た目も悪くなってしまう。

STEP1

くぼんでしまった箇所で数度クレータ処理を
ほどこす。

STEP2

くぼみがなくなるまで溶着させることが大切。

捨て金法を活用する!

　アークの発生に自信がないなら、捨て金法を参考にしてアークを起動させると
よいでしょう（p115参照）。あらかじめ不要な板でアークを起動させてから本溶
接をする方法で、アーク起動に慣れていない人には向いています。

　捨て金法を用いるときは、別の金属で行わないように注意しましょう。別の金
属だと溶接条件が異なるので、うまく本溶接できないことがあるからです。

　クレータ処理は見た目だけでなく、終端部の強度を保つために大切な技術です
ので、リカバリー法とともにマスターしておきましょう。

トーチの具合の悪さは スパッタの詰まり？

マグ溶接などで使用する溶接トーチ。ここに生じる「詰まり」も不具合の原因になるので十分に注意しましょう。

トーチの定格電流と使用率に注意

　マグ溶接は広く普及している溶接法なので、各メーカーから特徴のあるさまざまなトーチが発売されています。トーチの選び方によっても溶接性が異なるので、選び方も重要なポイントになります。まず念頭に入れておきたいのが、定格電流と使用率（溶接中の使用可能時間を百分率で表したもの）。

　一般的に定格電流と使用率が高いものは重たくなります。トーチの重量が変わってくると、溶接する際の角度や狙いに微妙な違いを生じます。できれば軽いものを選びたくなりますが、使用電流やアークを発生させている時間によっては、定められた使用率をオーバーしてトーチが焼きついてしまうことがあります。焼けたトーチで溶接しようとするとアークが安定しなくなり、不具合を招く原因になります。

トーチ内部の損傷に気をつけよう

　トーチを長期間使用していると、トーチからのワイヤ供給が悪くなることがあります。その際、まずワイヤ供給装置から出ているトーチケーブルがまっすぐ伸びているかチェックしましょう。このケーブルが、折れていたりとぐろを巻いていたりすると、ワイヤの出が悪くなります。

　問題なければ、続いてトーチ内部の部品チェックです。ほとんどの場合、コンタクトチップの内部がショートして傷付いているか、ノズルの奥にスパッタが詰まっていることが多いです。コンタクトチップを交換するか、ノズルに詰まったスパッタを除去しましょう。

　あわせてオリフィスがしっかりと装着されているか、溶接用ライナーのキズや損傷の有無を確認しておきましょう。

半自動トーチの部品の構造

ノズル
スパッタの詰まりが起こりやすく、そうなるとガスが流れないので注意が必要。

コンタクトチップ
コンタクトチップはワイヤに給電し、狙い通りアークを溶接部へ導く。コンタクトチップの先端にスパッタがくっつきやすい。それが入熱量などに影響するため、定期的に交換する。

オリフィス

インシュレータ
シールドガスの整流やスパッタの混入を防ぐ部品。装着されていないと、ブローホールの原因になる。

トーチボディ
ワイヤ送給装置からコンタクトチップまで、溶接ワイヤとシールドガスを通す役割。摩耗するとワイヤの送りが悪くなる。

溶接用ライナー

スイッチ

ココが **重要!** **トーチ内部のチェック方法**

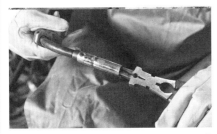

ペンチなどを入れて内部に詰まったスパッタを除去。ワイヤの出を確認して、それでも直らなかったら、次は部品のチェック。

コンタクトチップやオリフィスなどの部品の損傷がないかをチェック。これらの部品は交換可能なので複数用意しておくとよい。

さまざまな形の母材を仕上げるコツ

DIYにも役立つ形状に合わせた溶接のコツを伝授！ 実際のものづくりで活用してキレイに仕上げましょう。

コツはあるけど基本を忘れずに！

溶接では、さまざまな形状の母材を組み合わせることになります。これまで紹介してきたテクニックとは異なるコツがあります。

まずは十字型の組み合わせです。これはせん溶接と呼ばれます。上に重なる母材の側面を溶接する場合もありますが、今回は上板に穴の開いたもの、下板に同じ形状で穴の開いていないものを使用しました（右ページ参照）。

この組み合わせで注意するポイントは仮止めです。仮止めは穴の開いた母材の一部に行います。その際、上板を下板がきちんとくっついているかが重要。仮止めが終わったら穴の内部でやや上板部分を狙い、上板から金属を溶かすようにして溶接します。穴が埋まったらグラインダーで表面を磨いて完成です。

円形の筒はコツが必要

次に四角形と円形の筒との組み合わせです（p188参照）。四角形の筒のなかに、円形の筒を入れたところを想像していただければわかるかと思いますが、2つの組み合わせた際、すき間ができて不安定になることがあります。そこでちょっとした工夫をします。ほかの薄板などを使って円形の筒を支えるのです。こうすることで、円形の筒が安定し、仮止めもしやすくなります。仮止めと溶接は十字型と同じ要領で作業を進めましょう。

最後は、円形と円形の筒同士の例（p189参照）。円形の溶接ではこれまでと異なる運棒が必要です。円周をぐるりと溶接するので複雑になりますが、基本は変わりません。ひじの高さを固定してうまく体重移動をしながらアーク長を保つことが重要です。また、円形同士ではすき間が生じるので、いかに母材同士を溶けこませるかがポイントです。すき間を埋めるようにウィービングしましょう。

十字型に溶接する

材質：鉄、板厚：6㎜、幅：32㎜

STEP1

上板の中心部分に穴を開けて接合する方法を用いたときの母材の組み合わせ方。側面の溶接よりもひずみを小さくできる。

STEP2

仮止めは穴の側面と下板を接合することを意識する。仮止めといえど、溶け込みが浅くならないように注意。

STEP3

本溶接では、下板を溶かして上板とくっつけるイメージで運棒する。細かくウィービングするとよい。

STEP4

溶接部が写真のようになれば完成。余盛りが高くなりすぎなように、適切な高さで穴を埋めることがポイント。

STEP5

ディスクグラインダーなどで表面の余分な余盛りを削る。母材が動かないように万力などを活用して固定すると作業しやすい。

STEP6

仕上げにワイヤーブラシなどで磨いて完成。溶接した部分が見えなくなるのがベスト。

板と板とを溶接するときには、ひずみに注意。仮止めをしっかりやっておくことで、ある程度のひずみは防ぐことができます。

四角形と円形の筒の溶接

材質：ステンレス、角パイプ外径：30×30㎜、同板厚：1.5㎜、パイプ外径：27.2㎜、同板厚：1.5㎜

STEP1

四角形の筒と円形の筒との組み合わせでは、外側になる四角形の筒に穴を開けておく。穴を開けた後に研磨することも忘れずに。

STEP2

円形の筒を四角形の筒の中に入れると、すき間ができて不安定になる。写真のように薄板などを用いて固定するとよい。

STEP3

穴が大きい場合は対角線上にもう1カ所仮止めしておくと本溶接の際に安定性が増す。

STEP4

四角形の筒だけが溶けることが多いので、円形の筒のほうまでしっかり溶かす意識で。

STEP5

穴がふさがったら本溶接が完了。安定性を増したいなら逆側の側面も同じように溶接する

STEP6

グラインダーで研削したあとワイヤーブラシで研磨。うまくできれば溶接部がキレイに仕上がる。

> 形状が異なる母材の組み合わせでは、母材がズレやすくなります。薄板などを活用して安定性を確保しましょう。

円形の筒同士の溶接

材質：鉄、パイプ外径：27.2mm、同板厚：2.3mm

STEP1

円形の筒同士をT字に接合するパターン。この場合、大きなすき間が生じるので運棒はウィービング法が基本になる。

STEP2

まず片方の側面の2点を仮止めする。上と下の母材をしっかり溶け込ませる。

STEP3

片側の仮止めだけでは安定しないので、反対側の2点も仮止めする。

STEP4-①

円周に沿って本溶接していく。下の母材に溶融プールを作り盛り上げてから、その溶融プールが上の母材に届くようにウィービングする。

STEP4-②

安定性が増すので万力を活用してもよい。片方の側面が終わったら裏側を溶接する。熱いうちに溶接すると溶け落ちやすいので時間をかけて行う。

STEP5

上と下の母材がしっかりと溶け込むと写真のようなビードになる。この形状の研削は難しいので、研磨だけで仕上げてもOK。

> すき間を少しでも小さくするために、円形の形に沿うように断面を削ってから溶接するのもよい方法です。

覚えると意外に便利 さまざまな溶接記号

溶接記号はプロが溶接する際に参考にする設計図です
が、覚えておくと溶接技術の幅が広がります。

詳細な寸法が記される溶接記号

　プロの溶接作業で欠かせないのが溶接記号です。これはJIS規格で定められており、2010年に改正されました。溶接の設計図などに用いられており、DIYレベルなら必要はありません。ただし、プロの設計図を参考にしたいときなどは、溶接記号の知識を使って読み解いていく必要があります。レベルアップを期すときに覚えておきたいところです。

　基本的な構成は下図のとおりです。覚えておきたいのが「基本形」です。「矢」が示すのは溶接をする部分。いっぽう「溶接部記号」が示すのは溶接をどちらの側面で行うかです。下図のように「溶接部記号」が下に広がっている場合は「矢」が指している側面。逆に、上に広がっている場合は、逆の側面を溶接することを示しています。また「尾」は補足事項ですが、詳細な寸法などが記載されているため、見逃さないよう注意しましょう。

 基礎知識 **溶接記号の基本構成**

基本形	具体例	

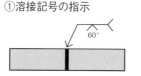

①溶接記号の指示

②完成形

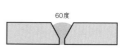

溶接記号の基本的な表記法。「矢」は溶接部を示す。「溶接部記号」はV型開先を表している。「尾」には特記事項が書かれる。

矢印の先端は溶接する位置を、溶接記号の下にある「60°」は開先の角度を示している。

溶接記号の指示どおりに溶接したあとのイメージ。

基礎知識 溶接記号の読み方

等脚長

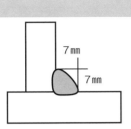

縦と横の寸法がまったく同じ等脚長のビード。すみ肉溶接での基本形でもある。

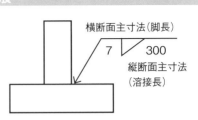

横断面主寸法（脚長）

縦断面主寸法（溶接長）

左図のようなビードを置くときには、上のような溶接記号になり、寸法が定められる。

不等脚長

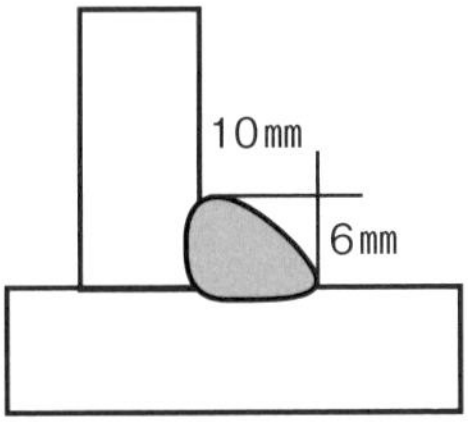

10mm / 6mm

ビードの寸法が均等ではない不等脚長。母材の板厚が異なるとこのような脚長になる。

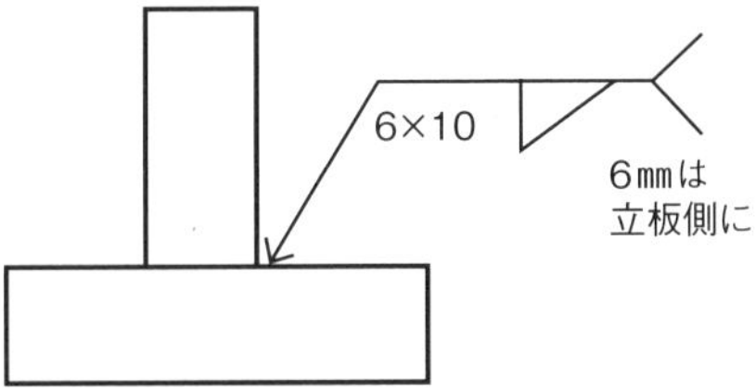

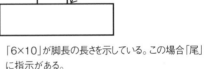

6×10

6mmは立板側に

「6×10」が脚長の長さを示している。この場合「尾」に指示がある。

溶接記号の読み方

　それでは、溶接記号の具体的な読み方を解説していきましょう。上に示した例は、すみ肉溶接の溶接記号を示したものです。

　まずビード部分が等脚長が7mmの場合（右上）について見ていきましょう（脚長についてはp64参照）。このとき「基線」の下には「直角三角形」と「7」が書かれていますが、それぞれ「すみ肉溶接」と「脚長」を示しています。ちなみに「300」と記載してあるのは溶接の長さで、一度の溶接で「300mm」ビードを置くことを意味します。

　これが不等脚長（下図）になると、「6×10」となります。基本的に短いほうが前、長いほうが後に記され、どちらが短いかは「尾」に記載があります。つまり。下の左図のような溶接をするように指示しているのです。

低温で酸化してしまう
チタンの溶接は難しい？

チタンは海水に強く、鉄や銅、さびにくいとされているアルミニウムよりもさらに耐食性をもつ金属です。ほかにも金属アレルギーがない、鉄よりも軽い、高い強度、高い保温性があります。アクセサリーの素材として適している所以です。

とくに強度はチタンを特徴づけるもので、およそ鉄の2倍、アルミニウムの3倍あり、強い衝撃を受けても壊れにくいため、航空機やロケットなどの精密機械にも活用されています。

長所ばかりに思えるチタンですが、弱点もあります。400〜500℃ほどの低温でも大気中の酸素と反応し、酸化しやすい点です。チタンの溶融点は約1700℃。アークによる熱を当てるだけで激しく酸化します。酸化したチタンは硬くなり、もろくなります。これが、チタンの溶接が厄介とされる原因です。大気に触れないように、溶接部を完全にシールドガスで遮断して、化学反応を防ぎながら行わなくてはなりません。

また、チタンはほかの金属よりもブローホールが起きやすく、溶接部から破断してしまうこともあります。チタン溶接には溶接する環境も含めて、細心の注意を払う必要があります。

なお、チタンには純チタンとチタン合金の2種類がありますが、比較的溶接しやすいとされるのは純チタンのほうです。

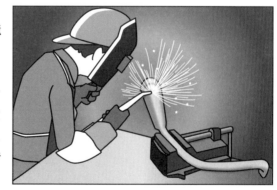

第 **7** 章

金属の違いに見る
溶接ポイント

金属の性質を表す
応力・靭性・剛性

溶接の世界では、金属の性質に関する表現がいくつもあります。その代表例を紹介しましょう。

金属は熱によって組織が変質する

　溶接方法によって適合する母材は異なります。これには、それぞれの金属の性質が大きく関連しています。金属は高温で溶融すると、溶けた箇所と周辺部で組織が変わります。こうした組織の変質は、溶接の仕上がりを左右するので知識として身につけておくことが大切です。

　下図は、溶接金属を図示したものです。溶接金属とは、母材の一部とワイヤなどの溶着金属とが溶け合って固まった部分のことで、その周囲には鉄の溶融温度よりも低い温度で加熱された熱影響部があります。熱影響部は材質が変化しており、ボンド部と呼ばれる溶接金属の境界に近づくほど硬くなります。

　ボンド部は割れが生じやすい状態になっています。しかも、金属の結晶が大きくなっているため、割れが伝播しやすく、もろい状態になっています。このように、金属は熱による影響で、その性質は変化するのです。

 ## 溶接部の断面図

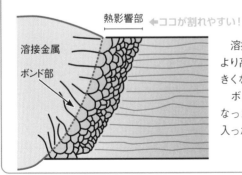

熱影響部 ←ココが割れやすい！

溶接金属
ボンド部

　溶接金属と熱影響部は組織が変質しており、より高温に加熱された境界部分ほど結晶が大きくなって硬くなりやすい。

　ボンド部付近、金属の結晶が著しく大きくなった部分はもっとも硬く、ちょうど焼きが入ったような状態で割れやすくなる。

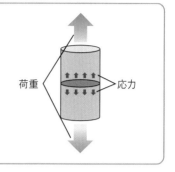

　応力とは、右の概念図のように、荷重がかかった物体内部にはたらく単位面積（1㎟）あたりの力をいう。言いかえれば、外部からの引っ張る力に対して、内部で形状を保とうとするときに作用する力である。

　単位は N/㎟で示され（N は力の単位であるニュートン）、これは圧力の単位 Pa（パスカル）と同じ。

荷重　　　　　　　　　　　応力

金属の内部ではたらく応力とは？

　金属加工をする際、「鉄は曲がりにくい」「アルミニウムは曲がりやすい」という性質を覚えておくことは大切です。こうした性質は各金属の強度などに由来しています。強度を表す言葉として頻出するのが「応力」です。

　応力は、金属を引っ張ったりする外部からの力に対して、金属の内部で金属の形状を保とうとするときに作用する単位面積あたりの力です。

　この応力を数値化したものが「引張強さ」です。引張強さの単位はN/㎟で示されます。これは金属を引っ張り続ける力に対する金属の最大の強度を示したものです。引っ張る力を増やし続け、ここを超えると金属には変形や破断となって表れます。

　引張強さは金属によって異なります。たとえば、溶接でよく用いられるSS材という種類の鉄の引張強さは330〜430N/㎟で、どれだけの荷重に耐えられるかを表します。鉄に対してアルミニウム（純度99.0%以上の純アルミニウムの場合）の引張強さは、70〜165 N/㎟と3分の1から4分の1程度しかなく、いかに「曲がりやすい」かがわかります。

金属の丈夫さはさまざまな性質のバランス度合い

　ほかにも、金属の性質を表す指標に「靭性」や「剛性」があります。引張強さが、金属の破断までの荷重を表しているのに対し、靭性は金属の「粘り強さ」を、剛性は金属の「変形しにくさ」を表します。これら数値が高いからといって、丈夫な金属というわけではありません。それぞれのバランス度合いが、金属の丈夫さを決めています。

溶接素材【鋼】
鋼の炭素当量とは?

chapter 7-2

金属の性質を決定づけるのは元素の含有量。炭素当量から
適切な条件を整える基準にしましょう。

元素の含有量で変わる溶接のしやすさ

　鋼（はがね）のなかでも溶接で広く使用されるのが低炭素鋼（軟鋼（なんこう））です。ホームセンターなどで購入できる鋼のほとんどが低炭素鋼に分類されます。中炭素鋼も一部で使用されます。高炭素鋼は溶接が難しい素材で、いわゆる鋳物がこれにあたります。

　こうした分類は、炭素（C）やケイ素（Si）、マンガン（Mn）などの含有量の違いによるものです。とくに、炭素の量は溶接のしやすさを顕著に表し、0.02～0.6％までが溶接性にすぐれた鋼とされています。

　炭素のほか、ケイ素やマンガンは鋼の強度を増すために添加されています。ただし、添加量によっては、逆に溶接に不向きになることがあります。たとえば、ケイ素は0.6％以下が溶接に適した金属の基準とされています。

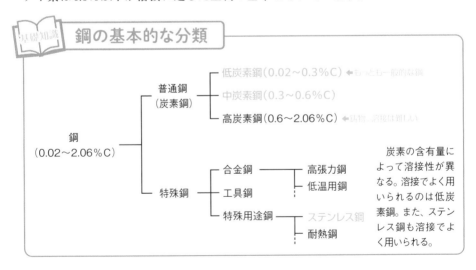

基礎知識　**鋼の基本的な分類**

- 鋼（0.02～2.06％C）
  - 普通鋼（炭素鋼）
    - 低炭素鋼（0.02～0.3％C）◀もっとも一般的な鋼
    - 中炭素鋼（0.3～0.6％C）
    - 高炭素鋼（0.6～2.06％C）◀鋳物。溶接は難しい
  - 特殊鋼
    - 合金鋼
      - 高張力鋼
      - 低温用鋼
    - 工具鋼
    - 特殊用途鋼
      - ステンレス鋼
      - 耐熱鋼

炭素の含有量によって溶接性が異なる。溶接でよく用いられるのは低炭素鋼。また、ステンレス鋼も溶接でよく用いられる。

溶接のしやすさを測る炭素当量

　炭素鋼の溶接のしやすさ（溶接性）を示すバロメーターを炭素当量（Ceq）といいます。炭素当量は炭素鋼と、ニッケルやモリブデンなどを含む低合金鋼にのみ用いられ、下のような計算式で表されます。

　なぜこのような式が用いられるかというと、熱によって溶接部を硬化させる元素をすべて配慮して計算することで、溶接部が硬くなる度合い（焼入硬化性）を推定する

写真の南部鉄器などの鋳物は炭素当量が高く、アーク溶接には不向き。

ためです。これによって、溶接の難易度を示す指標にすることができます。計算式で得られた炭素当量の値が約0.6％になるまでは、熱影響部の硬さは右肩上がりで増加していきます。硬さが増していくと、延性（延び）や粘り強さ（靭性）が低下することも多いので、炭素当量値の高い材料の溶接は注意が必要です。

　また、炭素の含有量によって焼入硬化性が異なります。炭素含有量が高いものは焼入硬化性が高くなり、溶接性が悪くなります。逆に低いものの焼入硬化性は低くなります。一般的に、母材の炭素当量値が約0.8％までの鋼が溶接できるとされています。なかでも0.3％以下の低炭素鋼が良好に溶接でき、溶接に向いています。

鋼の溶接性を測る数式

$$Ceq（炭素当量）= C + \frac{1}{6}Mn + \frac{1}{24}Si + \frac{1}{40}Ni + \frac{1}{5}Cr + \frac{1}{4}Mo + \frac{1}{14}V$$

単位は重量％

炭素鋼ではこの計算が重視される

C：炭素　Mn：マンガン　Si：ケイ素　Ni：ニッケル
Cr：クロム　Mo：モリブデン　V：バナジウム

　炭素鋼の溶接のしやすさを示すバロメーターで、合計値が0.8％以下の金属が溶接しやすいとされている。とくに0.3％以下の鋼が溶接と好相性。

溶接素材【鋼】
特性が異なる鋼材

溶接に使用される鋼材にはさまざまな種類があり、それぞれのもつ特性を把握しておきましょう。

JISで規定されている鋼材の表記法

　炭素鋼は、JIS規格でいくつかの種類に分けられており、それぞれの性質に合わせて用途も異なります。

　こうした鉄の材料は鋼材（こうざい）と呼ばれ、用途を英語で表記した際の頭文字を引用してSS材、SM材、SN材などと呼ばれています。

　すべての鋼材は、種類だけでなく、内部に含まれる炭素量や強度の違いによって400や490といった数値で表記されています。そのため、鋼材は「SS400」や「SM490」というように表記されます。

ホームセンターで入手できるSS材

　SS材はもっとも広く用いられている鋼材で、ホームセンターなどで入手できます。SSは「Steel Structure」の略称で、直訳すると「鉄構造物」です。通常リムド鋼といわれる鋼でできており、比較的低コストで製造できるため、市場に広く出回っています。

　また、SS材には、SS330、SS400、SS490、SS540の4種類があります。3ケタの数字は、SS材が最低限保証している強度を示しています。このうち家庭でも用いられるのは、ほとんどがSS400といってよいでしょう。SS400よりやわらかいSS330は、スチール缶製造など工場での使用がメインで、SS490やSS540は汎用性が少なく、あまり市場には出回っていません。

　SS400には予熱（よねつ）・後熱（こうねつ）などの熱処理が不要というメリットがあり、現場では処理なしに加工できるため「ナマ材」とも呼ばれています。鋼材の形状が多岐にわたるうえに板厚もさまざま用意されているので、使用用途が非常に広く、公園の遊具など身近な製品にも数多く活用されています。

溶接性にすぐれているSM材

溶接に使用される鋼のなかでも、溶接性にすぐれているのがSM材です。「Steel Marine」という正式名称からわかるように、もともとは造船用に規定されたもので、金属成分が均質なキルド鋼といわれる塊からできており、品質の信頼性が高いとされています。現在では、発電プラントや産業機械などに用いられています。

SM材の特徴は、SS材やSN材に比べて化学成分の上限値が規定されている点です。化学成分は溶接性に大きく影響するため、プロが鋼材を考えるときに重要視されます。高張力鋼やハイテン鋼などとも呼ばれますが、予熱や後熱などの熱処理が必要で、家庭用には向いていません。

基準が厳格化されている高価なSN材

SN材は「Steel New」と記される通り新しい鋼材で、阪神淡路大震災（1995年）後、耐震強度を保つために開発された建築用材料です。

SN材は、金属に含まれる不純物の規定値が厳しく規制されています。これは鋼に含まれる硫黄が割れの原因になるため、それを防ぐ目的があります。

おもな用途は、耐震性が求められる建物の支柱や大黒柱。SS材とともに使用されることもあり、重要な役割を果たしています。規格が非常に厳格なため、価格も高く、家庭用としては用いられていません。

 各鋼材の用途と特徴

	SS材	SM材	SN材
用途	ビル、工場、橋、その他一般的な構造物	かつて造船用に開発された鋼材	耐震強度を保つための建物用材料
おもな製品	公園の遊具など一般的な鉄製品	発電プラント、産業機械	支柱、大黒柱
おもな規格	SS400、SS490	SM400、SM490	SN400、SN490
特徴	加工が容易だがさびやすい	溶接性が高い	低温割れを起こしやすい
価格帯	安い	もっとも高い	高い

溶接素材【ステンレス】種類で異なる溶接術

ステンレスは、鋼種によって起きやすい不具合も異なります。その性質に応じた対策をとりましょう。

性質が異なる各種ステンレス

ステンレスにはマルテンサイト系、フェライト系、オーステナイト系がありますが、それぞれ性質や特徴が異なります。

たとえば、マルテンサイト系とフェライト系は炭素鋼と同様に磁性をもっていますが、オーステナイト系は通常磁性をもちません。また、オーステナイト系は熱膨張係数が高いため、ひずみや変形が大きくなる傾向があります。

大まかにいえば、フェライト系とマルテンサイト系は溶接が難しく、割れやすいという傾向があります。いっぽう、オーステナイト系は引張強さが比較的強いにもかかわらず、伸びがよいという性質もあります。ステンレスの溶接では溶接材料に何を選ぶかが重要なポイントになります。

ステンレス鋼はJIS規格で規定され、記号で種類がわかるようになっています。ホームセンターで購入する際は、SUS304と表記されている鋼材を選ぶとよいでしょう。何も表記がない場合は溶接に向いていない可能性もあります。

 ステンレス鋼の記号の見方

【オーステナイト系の場合】

ステンレスの系統を表す
3:Cr-Ni系　4:Cr系　6:析出硬化系

鋼種の説明
L:低炭素(Low Carbon)　J:わが国独自の鋼種
N:窒素を添加している鋼種　など

SUS 3 04 L

「Steel Use Stainless」の頭文字をとった、
ステンレス鋼材であることを示すJIS規格の略号

マルテンサイト系のステンレスは、おもに刃物に用いられ、磁石にくっつくのが大きな特徴です。自宅にあるステンレス包丁などに磁石を近づけてみて、もしくっついたらマルテンサイト系といえるでしょう。JIS規格における代表的な鋼材はSUS403、SUS410です。

マルテンサイト系は、包丁などの刃物などによく利用されている。

マルテンサイト系は、おもに焼入れという作業を経て製造されます。日本刀を製造するシーンなどを見たことはないでしょうか。一度、鉄が赤くなるまで熱して、急速に冷却して製造します。これは、もともと鋼が熱して一定の温度を超えると、鉄や炭素、微量に含まれている元素が溶け合って均一に混ざり、急速に冷却するとマルテンサイト変態という現象を起こすことに由来しています。鋼がマルテンサイト変態を起こすと、非常に硬くなり、強度が増すいっぽうで、柔軟性が失われて割れやすくなります。包丁などがよく刃こぼれを起こすのは、マルテンサイト系だからだともいえます。たとえば、刃が欠けてしまった刃物を溶接で直そうとすると、逆に割れやヒビが入ってしまうことがあります。

そこで、マルテンサイト系の溶接では、適合する溶接材料の選択と溶接後の冷却速度を遅くすることが求められます。

溶接材料は、おもにマルテンサイト系とほぼ同じ成分でできたES410やYS410などと呼ばれるものを使用します。この材料を使用する際は、溶接後の冷却速度を遅くさせるため、予熱や後熱の熱処理が必要になります。これらをせずに包丁やナイフなどに溶接をほどこすと、仮にくっついたとしても、従来の固さや強度を得られず切れ味は悪くなってしまいます。

マルテンサイト系に適合する溶接材料

鋼種	適合溶接材料	
	被覆アーク溶接	マグ、ティグ溶接
SUS403	ES410、ES309、ES310	YS410、YS309、YS310
SUS410		

フェライト系

フェライト系は、SUS430に代表される鋼材です。含まれる元素量が異なるため、焼入れをしても、マルテンサイト系のように硬くなりにくいとされています。いっぽうで金属の柔軟性が高く、割れなどが生じにくいという性質があります。スプーンなどの食器類や屋外の建築物などに活用されています。

フェライト系はスプーンなどに使われ、磁力を帯びているのが特徴。

ただし、まったく硬化が起きないわけではありません。フェライト系を溶接すると、約900℃以上に加熱された溶接部とその周辺で焼きの入った組織が硬化する現象を生じます。こうした部分は、マルテンサイト系のように硬くなって、もろくなります。

この対策として、低炭素でチタンやニオブといった元素を含む溶接材料が有効とされています。低炭素の溶接材料を用いると、焼入れした組織の生成が抑制できるほか、添加されるチタンやニオブによって結晶が大きくなるのを防いでくれるからです。

フェライト系のSUS430に適合するのは430や309、310です（下図参照）。とくにマグ溶接用のワイヤにはこうした条件を満たすものが数多く市販されています。また、100〜200℃ほどの温度で予熱処理をするとよいでしょう。

ほかに注意しなければならないのが、長時間の溶接によってもろくなることです。母材が約600〜800℃の温度で長時間熱されると、鉄とクロムの化合物が生成されます。これは非常にもろいことから、発生を防がなくてはなりません。フェライト系は熱伝導率が高く、一度熱すると冷めにくいので、必要最小限の熱量で溶接を行うことが大切です。

フェライト系に適合する溶接材料

鋼種	適合溶接材料	
	被覆アーク溶接	マグ、ティグ溶接
SUS430	ES430、ES430Nb、ES309、ES310	YS430、YS430Nb、YS309、YS310

オーステナイト系

　オーステナイト系の代表的な規格はSUS304です。オーステナイト系は、プレス作業などの加工性が良好で幅広い金属加工物に用いられています。

オーステナイト系は、鉄道車両など工業用として広く利用されている。

　また、フェライト系が一定の温度でもろくなるのに対し、低温でも高温でも強度を保つ性質をもち、溶接性でもっともすぐれたステンレスといえます。そのため、身近な例でいえば、熱が生じやすい車両のエンジンルームなどに用いられています。

　オーステナイト系と適合する溶接材料は308、308L、316、316L、318、347の6種（下図参照）。

　オーステナイト系で起こりやすい不具合に粒界腐食があります。これは、母材が約550〜850℃の温度に加熱されたとき、結晶からクロム炭化物が分離して出てきて、品質を大きく劣化させる現象です。

　オーステナイト系に含まれる炭素は、約550〜850℃でクロムと結合しやすい性質があるので、クロム炭化物が生成されて、結晶の境界部である粒界という部分にはみ出してきます。クロム炭化物は硬くてもろいため、この箇所に力が加わると、またたく間に割れが生じてしまうのです。このような不具合が生じやすいのは、熱影響部の外側寄りが多いとされています。

 オーステナイト系に適合する溶接材料

鋼種	適合溶接材料	
	被覆アーク溶接	マグ、ティグ溶接
SUS304	ES308、ES308L	YS308、YS308L
SUS304L	ES308L	YS308L
SUS316	ES316、ES316L	YS316、YS316L
SUS316L	ES316L、ES318	YS316L
SUS321	ES347	YS347
SUS347		

溶接素材【アルミニウム】 溶加棒の選び方

chapter 7-5

アルミニウムは加工性にすぐれる半面、溶接不具合が起こりやすい材料。事前の処理などを行う必要があります。

アルミニウムに元素を添加して強度を補強

アルミニウムは、地球上にもっとも多く存在する金属で、比重が軽いことから軽金属とも呼ばれています。融点が低く、電気や熱伝導率がよいため、加工性にすぐれています。

その半面、純アルミニウムは強度が低いことから、工業用の材料としてはさまざまな元素を添加した合金として利用されています。アルミニウムは板、管、棒などの形態でよく用いられています。

添加した主要な元素により細分化され、母材の種類は多岐にわたります。溶接方法としては、基本的にティグ溶接法を用います。

ティグ溶接では電極のほかに、溶加棒という材料を用いて溶接しますが、アルミの母材によって使用する種類が異なります。多岐にわたるアルミの母材は、おもに「A1100」などと表記されます。

「A」（アルミ）は共通しており、おもに4ケタの番号で区別されます。それに合わせて溶加棒も4ケタの番号で示され、下に示した表のように、それぞれ母材に適合する材料が異なります。

 アルミニウム材と適合する溶加棒

母材	おもな形状	溶加棒の例
1100、1200、3003	板材	1100、1200、4043
5052、5083	板材	5183、5356、5556
6061、6063、6N01	パイプ、アングル	4043、5356
7003、7N01	板材	5183、5356

アルミニウムの溶接で使用する溶加棒は、適合する母材が異なる。代表例を左表にまとめたので参考にしよう。

204

アルミニウム溶接の注意点

　アルミニウムには、その性質から溶接不具合を起こしやすいという特徴があります。ひとつは、アルミニウムは熱伝導率がよく、溶接中に母材の熱状態が刻一刻と変化するためです。溶融プールが広がりやすく、ビード幅も変化しやすくなります。溶融プールが適切な大きさに保たれているかを見ながら作業をするなどの対策が求められます。

　また、水素は溶融プールに溶解するため、固まる際に水素ガスが溶接部の外へ放出しきれずに気孔となって残りやすくなります（ブローホール）。対策としては、母材の除湿や溶接部を磨くなどの前処理が大切になります。ほかにも溶融と凝固による膨張や伸縮が大きいため、割れやすいという特徴もあります。

　また、アルミニウムの表面は酸化皮膜に覆われています。この皮膜があると、アークが発生しづらく、溶融プールに入り込んで不良になったりします。酸化皮膜を除去することが必要になります。

溶加棒は4ケタで区別される

　最後に、忘れてはならないのが割れの対策です。アルミニウムは、割れが発生しやすい材料です。これを防止するためには、それぞれの母材に合った適切な溶加棒を選ぶことが先決です。

　左ページの下表の通り、適合する母材と溶加棒はJIS規格で定められています。「A1100」などと表記されるアルミニウム材ですが、母材と適合する溶加棒は同じ4ケタの数字（1100など）が示されているので簡単にわかります。

　アルミニウム材、溶加棒ともにこれらの番号が必ず明記されているので、求めるものであるか必ずチェックしてから購入するようにしましょう。

気孔防止に役立つアルコール脱脂

　その性質から、溶接不具合を起こしやすいアルミニウムは、炭素鋼などよりも丁寧な前処理が必要となる。その際、ワイヤーブラシのほかに、機械油を落とすときに使うシンナーやアセトン、アルコールなども有用だ。溶接用品店では、写真のような脱脂用製品が売られている。

初心者はここを見よう！溶接機の正しい選び方

基本的な溶接方法や理論を学んだらいよいよ実践です。ここでは溶接機の購入にあたっていくつかのチェック項目、おすすめの機器をいくつか紹介します！

①電圧は「100V」

一般家庭用の電源は、基本的に100Vのタイプになっています。そのため、溶接機も100Vのものを選びましょう。200Vのほうが溶接性が高まりますが、家庭で使用する場合はエアコンなどと同様の特殊な電源につなぐ必要があります。

②用途に合わせて選ぶ

一般的に、溶接性はティグがもっとも高性能で、次いでマグ、被覆アークとなります。鋼をつなぎ合わせて簡単な日用品をつくるなら被覆アークやマグでも問題ありませんが、バイクなどでの細かい溶接作業はティグが向いています。

③定格使用率をチェック

定格使用率は、10分の間にどれだけ使用できるかを示すスペックです。たとえば、使用率30%なら10分間で3分間だけ使用できるということ。初心者ならば、使用率オーバー防止機能付きのものを選ぶと便利です。

④ノンガスが便利！

家庭用として使いやすいのが、ガスを使用しないノンガス溶接機です。発生するスラグによって酸化が防げるので、ビード表面の仕上がりは比較的キレイになります。また、ガスを用意する必要がないので、扱いやすい溶接機です。

溶接機器の種類別性能比較

	被覆アーク	ノンガス	マグ	ティグ
価格	もっとも安い	安い	安い	高い
スパッタ	多い	比較的多い	少ない	出ない
適合素材	おもに鋼	鋼・ステンレス	鋼・ステンレス	ほとんどの金属
おもな用途	簡単な棚など	家庭用品やバイクなど	家庭用品やバイクなど	バイクやアートなど

おすすめの溶接機

被覆アーク

SUZUKID スティッキー80 100V専用
直流インバータ Sticky DC80

約3.8kgの超軽量化を実現した入門モデル。アーク
の起動を簡単にするホットスタート機能など、初心
者にやさしい機能を搭載。

種類	直流インバータ溶接機	重量	3.8kg
定格使用率	20%		
定格出力電流	80A		
定格入力電圧	100V		

SUZUKID　バディ140 100V/200V
兼用インバータ Buddy140

ノンガス

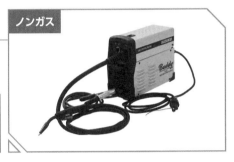

本体質量が6.0kgの超軽量タイプで作業場所を選ば
ない。100Vと200V兼用でノンガス専用。オンラ
イン限定モデル。

種類	ノンガス 半自動溶接機	重量	6.0kg
定格使用率	35%（100V）、25%（200V）		
定格出力電流	80A（100V）、140A（200V）		
定格入力電圧	100V／200V		

マグ

WELDTOOL インバーター
直流半自動溶接機 WT-MIG160

200V専用だが、エアコンの電源を用いれば性能を
フル活用できる。炭酸ガスにもノンガス、被覆アー
クにも対応可能。

種類	直流インバータ半自動溶接機	重量	9.6kg
定格使用率	60%（80A）		
定格出力電流	40 ～ 160A		
定格入力電圧	200V		

SUZUKID 100V/200V兼用
直流インバータTIG溶接機 STArGON

ティグ

シンプルな設定操作で、TIG溶接と手棒溶接の両方
が使用できる。4段階のパルスティグ機能も付いて
おり、高い溶接性を誇る。

種類	直流パルス TIG 溶接機	重量	8.3kg
定格使用率	25%		
定格出力電流	110A ～ 200A		
定格入力電圧	100V/200V		

これだけそろえば大丈夫！
溶接お役立ちアイテム集

快適に溶接するためには、さまざまな周辺アイテムをそろえると便利です。必須道具からお役立ちグッズまで、溶接道具を一気に紹介します！

作業台

溶接に必ず必要になるのが作業台。火花が飛んでも燃えない溶接用の作業台を選ぶようにしましょう。

TRUSCO
アルミ製溶接一体構造型作業台

組立不要の完成品で購入後にすぐ使用できます。溶接一体構造で頑丈なつくりになっており、形状もさまざまなタイプから選べます。

幅×高さ×奥行：500×400×410㎜（最小サイズ）

TRUSCO
中量500kg作業台鉄天板900×600

スチール天板を使用した中量の作業台。汚れがひと拭きで取れ、割れや傷への耐久性にすぐれています。キャスター付への変更も可能。

幅×高さ×奥行：900×600×740㎜

SUZUKID
回転式溶接作業台 レボ360

天板が回転するため、作業者が移動せずに作業が可能。天板穴空き部分を活用して母材の固定もできます。トーチホルダー付き。

幅×高さ×奥行：500×500×680㎜

グラインダー

金属を切削したり、加工するときに必須。とくにディスクグラインダーは扱いやすく汎用性が高いため人気です。

マキタ
ディスクグラインダー

溶接工に親しまれるマキタ製品。安価でシンプルなタイプで、使い方を覚えるには最適です。

幅×高さ×長さ：117×100×266㎜

マキタ
電気グラインダ

タングステンの電極を研ぐときにも使える卓上タイプ。湿度による劣化に強く砥石を最後まで使用できるのが大きな特徴です。

全長：375㎜

サンダー

サンドペーパーを使用して研磨する工具。溶接ではおもに金属表面の仕上げの際に用いられます。

マキタ
仕上サンダ

重心が低く、握りやすい構造で作業が安定しやすい構造。サンドペーパーの交換も容易にした高性能機種。

幅×高さ×長さ：92×154×253㎜

EARTH MAN
ミニサンダー

片手サイズなので取り回しも容易。手の小さい女性でも扱いやすく、塗装剥がしなどにも活用できます。

幅×高さ×長さ：約115×135×240㎜
（ダストバッグ含む）

保護具類

アーク光やスパッタから体を守る保護具は不可欠なアイテム。溶接機と一緒に購入しましょう。

モノタロウ
自動溶接遮光面 感光度・時間調整付 ハイスピード

溶接前には手元がはっきり見える透明フィルターで、アーク光が出ると自動的に遮光されます。両手があくのでティグ溶接に最適です。

フィルターサイズ：110×90㎜

モノタロウ
溶接面

シンプルな手持ち用溶接面。衝撃に強く、湿気にも強いポリプロピレン製。被覆アーク溶接やマグ溶接向け。

幅×長さ：約250×約295㎜

モノタロウ
溶接用 牛革手袋 内縫い

袖が長く、手首までしっかり防護できる牛床革の手袋。縫製面が内側なので、溶接時の火花による糸切れの心配がありません。

全長：約325㎜

TRUSCO
溶接用牛床革胸前掛

スパッタが多く飛び散る被覆アークでは必須になる前掛け。柔軟性に富み、耐久性に優れている国産革を使用。

幅×丈：55×95㎜

ドンケル
耐熱・溶接安全靴 T-2

耐熱効果に優れ、高温による劣化が少ない溶接用の安全靴。牛クロム革で靴底が合成ゴムなので、溶接作業を安全に行うのに役立ちます。

重さ：1140g（26.0㎝）

TRUSCO
溶接用牛床革 腕カバー

スパッタが発生する溶接方法で必要な腕カバー。丈、幅ともゆったりしており、作業性が高い製品。柔軟性と耐久性にすぐれています。

幅×丈：210×500㎜

夏の暑さ対策は忘れずに！ 冷却グッズ

FUKUTOKU
空調風神服 防炎ブルゾン保護カバー付
（フラットハイパワーファンセット＆バッテリーセット 2022）

首と背中に風を取り入れる穴が付いており、背中には保冷剤ポケットも入れられます。防炎加工なので溶接にもピッタリ。

サイズ：M～3L

重松製作所
個人用冷却器 クーレット

真夏などの炎天下で作業するときに役立つ個人用冷却器。チューブを首や肩にかけて冷気を体に送風するすぐれものです。

チューブ長さ：1.4m

溶接材料

溶接棒やタングステン電極など、各溶接方法で用いられる材料。消耗品なので常備しておくとよいでしょう。

神戸製鋼所
被覆アーク溶接棒 FAMILIARC™ ZERODE-44

神戸製鋼が販売する被覆アーク溶接棒のなかで、国内でもっとも広く普及するモデル。煙の少ない低ヒュームで再アーク性がよく、全姿勢溶接で作業性が高いのが特徴です。また、ビード表面の焼き付きがなく、スラグはく離性が良好です。

種類：ライムチタニヤ系

SUZUKID
スターワイヤF軟鋼用ノンガスワイヤPF-1

ノンガス溶接機に用いられる軟鋼用のフラックス入りワイヤ。ワイヤ径は0.8㎜で、SUZUKIDのガス・ノンガス溶接機にはすべて適合します。自動車板金や建築金物など用途も幅広く、使い勝手のいい製品です。

モノタロウ
溶接ソリッドワイヤー

軟鋼や高張力鋼用に適したソリッドワイヤ。ワイヤ径は0.6㎜。全姿勢での溶接に対応し、薄板の溶接に適しています。比較的安価なうえに1箱あたり5キロと大容量な点も好評。

TRUSCO
TIG溶接用タングステン電極棒
セリウム入

直流と交流のどちらでも使用できるタングステン電極棒。特にアルミの溶接に適するように加工されています。

長さ:150㎜

周辺アイテム

ワイヤーブラシや溶接チッピングハンマーなど、溶接を始める前にそろえておきたいアイテムを紹介します。

モノタロウ
マグネットホルダー 溶接用

溶接の仮止めなどでよく使用する45・90・135度の角度で金属を押さえることができるアイテム。磁力で吸着します。

幅×高さ×長さ：190×122×21㎜（Lサイズ）

モノタロウ
カストリハンマー

スラグやスパッタ取りに用いられるハンマー。先端がとがった形状の部分はスパッタを取り除く際に便利。シンプルな構造で、溶接には欠かせないアイテムです。

全長×頭部長×刃幅：295×15.3×21㎜

モノタロウ
スチールワイヤブラシ

スラグ除去など金属表面を磨く際に使用するブラシ。溶接金属に使用するものは柄付きのタイプが最適です。

高さ×長さ：322×65㎜

モノタロウ
ペンチ CO₂溶接専用

母材をつかんだり押さえたりすることもできるペンチ（プライヤー）。溶接トーチの清掃ができるように先端が加工されており、さまざまな用途で活躍します。

全長：180㎜（大サイズ：210㎜）

その他便利グッズ

スパッタ付着防止剤やコンジットクリーナーなど、あれば便利な溶接グッズを紹介します。

モノタロウ
スパッタシート

作業台の周囲などに敷いてスパッタが飛散しても安心な養生シート。1～6号まで用途に合わせたサイズがあります。

寸法：920×920（1号）

モノタロウ
スパッタ防止スプレー 高張力鋼・軟鋼用

母材に直接吹きかけるスパッター付着防止剤。塗布後20～30秒で溶接が可能。通常の錆止め塗料なら本剤を除去せず塗装できます。

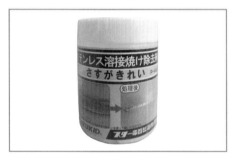

SUZUKID
ステンレス焼け除去剤

ステンレスを溶接した際、発生しやすい高熱による焼け跡を除去するのに役立つグッズ。

幅×高さ×奥行：500×400×410mm（最小サイズ）

モノタロウ
シリコンリムーバー

溶接を行う前に母材に吹きかけ、金属表面の汚れを簡単にふき取れます。溶接不具合を防ぎやすくなります。

ジェイ・インターナショナル
コンジットクリーナー

溶接機の内部や送給装置のローラーの清掃に使える
クリーナー。自動車のエンジンルームなどにも使用で
きます。

モノタロウ
防錆潤滑剤

溶接が終わった金属を錆から守るスプレー。金属表面に油
膜を張り、防錆だけでなく防湿やきしみ止めなどの効果もあ
ります。また、金属の潤滑にも向いているので、錆してしまっ
たネジを緩める場合にも活躍します。

モノタロウ
交換フィルム 溶接遮光フェンス用

溶接で発生するアーク光の紫外線・可視光線を遮断
する遮光フェンス用のフィルムです。人体に有害な紫
外線などを防ぎ、周囲の人などをアーク光から守りま
す。

幅×高さ：1970×1970㎜

溶接グッズが勢ぞろい！ モノタロウ公式サイト

取り扱い点数は約1,900万点！
消耗品から溶接機まで
あらゆる溶接アイテムが充実

モノタロウ公式サイトではセールなどのイベントが
充実しており、お得に溶接グッズをそろえられます。
溶接機や工具のほか、作業用衣服類や溶接材料な
どの消耗品も充実。商品によっては当日出荷にも対
応しており、必要なときにすぐ入手できます。

https://www.monotaro.com

索引

写真提供企業

株式会社 MonotaRO

スター電器製造株式会社（SUZUKID）

株式会社 WELDTOOL

トラスコ中山株式会社（TRUSCO）

株式会社マキタ

ドンケル株式会社

福徳産業株式会社

株式会社重松製作所

株式会社神戸製鋼所

株式会社ジェイ・インターナショナル

株式会社高儀（EARTH MAN）

───── 主要参考文献（刊行年順） ─────

ステンレス協会編『JIS ステンレス鋼溶接受験の手引き』（産報出版、1999 年）

社団法人日本溶接協会編鉄鋼部会技術委員会『溶接低温割れの基礎知識』（日本溶接協会、2007 年）

松田福久編『溶接・接合技術データブック』（産業技術サービスセンター、2007 年）

安田克彦『トコトンやさしい溶接の本』（日刊工業新聞社、2009 年）

小林一清『図でわかる溶接作業の実技』（理工学社、2009 年）

一般社団法人軽金属溶接協会編『アルミニウム（合金）のイナートガスアーク溶接入門講座』（軽金属協会、2009 年）

社団法人日本溶接協会出版委員会編『JIS 半自動溶接受験の手引き』（産報出版、2010 年）

野原英孝『図解入門現場で役立つ溶接の知識と技術』（秀和システム、2012 年）

安田克彦『安田克彦の溶接道場『現場溶接』品質向上の極意』（日刊工業新聞社、2013 年）

安田克彦『目で見てわかる良い溶接・悪い溶接の見わけ方──Visual Books』（日刊工業新聞社、2016 年）

野村宗弘漫画、野原英孝解説『マンガでわかる溶接作業』（オーム社、2018 年）

一般社団法人溶接学会、一般社団法人日本溶接協会編『新版改訂 溶接・接合技術入門』（産報出版、2019 年）

───── 主要参考ホームページ（五十音順） ─────

WELDTOOL（ウエルドツール）	https://www.weldtool.jp
キーエンス	https://www.keyence.co.jp
神戸製鋼所『ほうだより技術がいど』	https://www.boudayori-gijutsugaido.com
新光機器株式会社『溶接技術だより』	https://shinkokiki.co.jp
スター電器製造株式会社（SUZUKID）	https://suzukid.co.jp
日本溶接協会	https://www.jwes.or.jp
MonotaRO	https://www.monotaro.com
溶接情報センター	https://www-it.jwes.or.jp

監修者略歴

宮本 卓（みやもと たく）

株式会社Creative Works代表取締役。東京都立城東職業能力開発センター溶接科講師。東京工業大学大学院修了後、鉄鋼メーカーにて研究開発から製造現場まで従事。その後、有限会社宮本工業所にて溶接技術を習得。現在は宮本溶接塾を運営し、現場技能・技術の支援、生産技術の研究開発にも携わる。平成24年度東京ものづくり若匠（溶接）認定。

- 執筆協力：鈴木裕太
- 本文デザイン：山本円香（アッシュ）
- 本文イラスト：矢戸優人
- 撮影：長谷川 朗
- 撮影協力：宮本溶接塾
- 編集協力：ロム・インターナショナル、田口 学
- 編集担当：原 智宏（ナツメ出版企画）

本書に関するお問い合わせは、書名・発行日・該当ページを明記の上、下記のいずれかの方法にてお送りください。電話でのお問い合わせはお受けしておりません。
- ナツメ社webサイトの問い合わせフォーム　https://www.natsume.co.jp/contact
- FAX（03-3291-1305）
- 郵送（下記、ナツメ出版企画株式会社宛て）
なお、回答までに日にちをいただく場合があります。正誤のお問い合わせ以外の書籍内容に関する解説・個別の相談は行っておりません。あらかじめご了承ください。

ナツメ社Webサイト
https://www.natsume.co.jp
書籍の最新情報（正誤情報を含む）は
ナツメ社Webサイトをご覧ください。

徹底図解 溶接の基本と作業のコツ（てっていずかい ようせつ の きほん と さぎょう の コツ）

2023年8月1日　初版発行

監修者　　宮本 卓（みやもと たく）
発行者　　田村正隆

発行所　　株式会社ナツメ社
　　　　　東京都千代田区神田神保町1-52　ナツメ社ビル1F（〒101-0051）
　　　　　電話　03（3291）1257（代表）　FAX　03（3291）5761
　　　　　振替　00130-1-58661
制　作　　ナツメ出版企画株式会社
　　　　　東京都千代田区神田神保町1-52　ナツメ社ビル3F（〒101-0051）
　　　　　電話　03（3295）3921（代表）
印刷所　　図書印刷株式会社

ISBN978-4-8163-7418-0　　　　　　　　　　　　　　　Printed in Japan